斯文豪
& 福爾摩沙的奇幻動物
—— 臺灣自然探索的驚奇旅程 ——

林大利／著

洪廣冀（臺灣大學地理環境資源系副教授）／審定

CONTENTS
目錄

作者序

1842 年，《南京條約》簽訂之後，開啟了與世隔絕、乏人問津的臺灣島。西方人帶來了現代化思想和技術，對臺灣有深遠的影響。

在這個動盪的時代，羅伯特・斯文豪（Robert Swinhoe）是其中一位重要人物。

從事我們這一行的人，無論是自然觀察愛好者、科班的學生、研究人員或學術工作者，都會知道斯文豪這號人物。因為實在是有太多生物的名字，掛上他的名號，斯文豪的名字，不時出現在 19 世紀文獻的任何一處。要忽略這個名字，實在是太難了，就像你要忽略公園裡的黑冠麻鷺一樣困難。

斯文豪除了記錄臺灣的野生動植物，同時也對風土民情有鉅細靡遺的描述。他的文字，成為探索 19 世紀臺灣的重要素材。

斯文豪是臺灣自然生態的重要開拓先驅，但生態圈卻很少有人直接去讀斯文豪的著作，我也是如此。直到前幾年，我有幸能協助詳閱和翻譯三十餘份斯文豪的著作，彷彿穿越時空和斯文豪本人對話，在在重新認識斯文豪與他記下的一切。

舉例來說，斯文豪的中文名便是個抉擇。1860 年剛就任臺灣府副領事時，照會總理衙門的公文書上曾經使用「士委諾」，亦曾使用過「勳嘉」署名，不過大多數都採用「郇和」。另臺灣社會科學相關書籍也會採用「史溫侯」，自然科學及生物名則多採用「斯文豪」。最後本書採用「斯文豪」為其中文名。

　　此外，為了使文章生動有趣，本文引用斯文豪的文字之中譯，我會在文意不變的前提下，略作潤飾，請多見諒，不要戰我。

　　我是一位鳥類和自然保育學家，也是一位歷史考究與現場踏查的業餘愛好者。透過這本書，與各位分享我在斯文豪的著作中、臺灣美好的自然山林裡、還藏在臺灣城鄉角落的 19 世紀蛛絲馬跡之間，所揉合的觀察紀錄與心得。

生物多樣性研究所副研究員

林大利 Dali Lin

WANTED

學名｜*Homo sapiens*

俗名｜Robert Swinhoe、郇和、史溫侯、史溫豪、斯文豪

可能出現地｜印度、英國、臺灣、廈門、香港

可能叫聲｜中文、英文

常見行為｜喜歡觀察與記錄其他種類生物。
特別喜歡鳥類，與鳥類形成共生關係。

危險指數｜有點貪吃，肉食性，已知會吃竹雞、黑面琵鷺。
會獵捕其他種類生物。

目前保護狀況｜已歿，但留下豐富的觀察紀錄與著作，
成為重要的文化資產。

・第1部・

在斯文豪之前

整個世界都是我的！大航海時代爭奪戰

在一切開始前，我們要先回到很久很久以前、一個離臺灣很遠很遠的地方。那就是 14 世紀的歐洲。

那個時候，正值文藝復興的歐洲，在文學、藝術、科學知識與科技，都有大幅的進展，可說是全世界人類的文明重心。不過，那仍然是個不堪回首的年代。在經歷黑死病的大規模肆虐、頻繁的宗教衝突，以及各國之間綿延不絕的侵略與戰爭烽火，歐洲人的日子過得相當辛苦。

然而，歐洲列強不可能放棄任何爭權奪利的機會。既然在歐洲大陸也你爭我奪得差不多了，有沒有可能到大海的另一端去呢？

畢竟，在那個動盪時代的臨海國家，也許有些人喜歡一個人在海邊，捲起褲管、光著腳丫，踩在沙灘上，幻想著海洋的盡頭有另一個世界，是個無人知曉的未竟之地。

航海王子的野望

在歐洲最西邊的伊比利半島，有一個臨海國家名為「葡

萄牙王國」。當時的葡萄牙，也才剛經歷爭奪政權和黑死病的衝擊，直到 1383 年，阿維斯騎士團的首領約翰一世（John I of Portugal）繼位，展開了葡萄牙歷史上國力鼎盛的阿維斯王朝（Aviz dynasty）。

如果要從當代的歐洲選一位「追求夢想、稱霸海洋的航海王」，那麼約翰一世的第四個兒子恩里克王子（Henrique of Portuga）就是非常適合的人選。

在阿維斯王朝的政權穩定之後，恩里克王子並不滿於現狀，認為應該要繼續壯大葡萄牙的政治勢力和經濟實力。因此，探勘其他大陸和海上貿易，便是恩里克王子的大航海戰略。本來就擅長航海的葡萄牙，依然不斷的精進航海、天文、氣象和測量的知識與技術。

讓我們先翻開西歐的地圖，葡萄牙位在歐洲的最西側，伊比利半島南邊，歐洲與非洲隔著直布羅陀海峽遙遙相望。恩里克王子在葡萄牙西南方的沿海城鎮薩格里什（Sagres），成立了全球第一間國立航海學校及造船廠，同時也興建了天文臺和圖書館。他對於直布羅陀海峽彼岸的北非相當感興趣，從非洲北部探索非洲大陸，是恩里克王子之野望。

王子鼓勵父親約翰一世出征由穆斯林控制的港口城鎮休達（Ceuta，今為西班牙的海外自治市），才能掌握直布羅陀海峽，直接控制船隻往來地中海與大西洋。果不其然，1415 年，約翰一世成功征服了休達，並占領了北非航線，

這一場戰役，可說是歐洲人開啟大航海時代的第一步。

當時 21 歲的恩里克王子擔任休達的總督，王子所屬的船隊繼續沿著北非和西非的海岸航行，探索非洲這片黑暗大陸。恩里克王子成為了沒出過海的航海王（對，他真的沒出過海）。

葡萄牙王國開拓了航海先機，掌握非洲和美洲的財富，從歐洲大陸的邊緣小國，成為了全球海上強權。恩里克王子不僅是壯大葡萄牙的核心推手，甚至可說是開啟整個大航海時代的關鍵人物。至今，人們依舊尊稱恩里克王子為「航海家恩里克王子」（Prince Henry the Navigator）。

葡萄牙人的航海霸業可沒這麼快結束，繼恩里克王子之後，一位著名的航海探險家達伽馬（Vasco da Gama）更是將歐洲人的海外探險跨出更大一步。

1497 年 7 月 8 日，達伽馬的艦隊由四艘船組成，在同年 12 月 16 日抵達南非好望角的大魚河（Great Fish River）出海口，再繼續往東，就是歐洲人從未見過的空白海域。1498 年 5 月 20 日達伽馬終於抵達了印度的卡利卡特（Calicut，今印度西部的科澤科德）。

這一靠岸對葡萄牙人可不得了，一來他們再也不用走陸路和阿拉伯人交易東方的香料；二來葡萄牙人獨占好望角航線，讓其他歐洲國家不得其門而入；最後，這是人類史上第一次由歐洲遠航到印度的壯舉。葡萄牙人花了一世紀的時

格陵蘭

葡萄牙

恩里克

恩里克王子組織的探險隊從伊比利半島的薩格里什出發，經過直布羅陀海峽抵達非洲北部的休達。

亞洲

非洲

歐洲

印度

非洲

達伽馬

南美洲

間，實現了航海王子的野望。

最高機密變成人手一本暢銷書

　　想要到東方貿易，走陸路要看阿拉伯人的臉色，走海路要看葡萄牙人的臉色，這該怎麼辦才好呢？最簡單也最省事的方法，就是交個朋友吧！1580 年，早已征服大片美洲的西班牙和征服非洲的葡萄牙兩國結盟，形成「伊比利聯盟」（Iberian Union）。除了西班牙國王菲利普二世（Philip II of Spain）成為兩國共主，西班牙和葡萄牙仍舊各自管理自己的領土和殖民地，某種程度也算是一國兩制啦。最大的互惠就是分享由美洲和非洲取得的貿易和戰利品，如果把領土和殖民地都算進去，伊比利聯盟是當時國土最大的國家。

　　在那個時候，葡萄牙最重要的機密文件，就是每一次航海所留下的航海日誌與測量紀錄，以及抵達各地所記載的風土民情。沿著達伽馬的航線，哪裡有島嶼、沙洲，哪裡適合登陸補給食物和淡水，全部都記錄得一清二楚。然而，沒有這些紀錄的其他歐洲國家船隊，每次出船等於是要再重新開疆闢土一次，而且還會遭受西班牙人和葡萄牙人的襲擊，超級心累的啦！不過，這對西班牙和葡萄牙來說無敵有利的世界級機密文件，沒想到竟然被一位荷蘭年輕人公諸於世。

　　這位荷蘭年輕人是林斯豪頓（Jan Huygen van Linschoten），他出生的時候，荷蘭還處於西班牙的統治之下。西班牙人推

行天主教，而荷蘭人多為基督教信徒，加上西班牙的高壓統治與高額稅收，荷蘭人早就恨西班牙人恨得牙癢癢，獨立的火苗早已在許多荷蘭人心中燃起。不過，在林斯豪頓年輕時候，身邊還是有許多「統派」的荷蘭人。直到 1581 年，終究爆發了荷蘭獨立戰爭，而林斯豪頓此時正跟著葡萄牙人的船隊，到印度的果亞工作，同時也避避風頭。

當故鄉與西班牙人處與烽火連天的獨立戰爭中，林斯豪頓也沒閒著，默默在印度閱讀大量的航海日誌、遊記、見聞和測量紀錄，並且集結翻譯。當時的歐洲列強，早就已經受夠西班牙和葡萄牙獨占好望角航線，而林斯豪頓所編譯的航海紀錄，簡直就像是個機密航海藏寶圖的解碼器！

最後，在 1596 年，林斯豪頓所編譯的文件，集結出版成為《東印度水路誌》（Itinerario, Voyage ofte schipvaert van Jan Huyghen van Linschoten naer Oost ofte Portugaels Indien, 1579-1592）一書，並分為「航海記」、「水路誌」和「見聞」三部曲。

此書一上市，立刻成為歐洲人人搶著要的超級暢銷書！不僅再刷好幾次，隨後還陸續出了英文、法文、拉丁文和德文版。世界級的機密文件，一夕之間變成全民讀物。傻眼的西班牙人和葡萄牙人，只能眼睜睜看著自己累積百餘年的珍貴紀錄，栽在一個荷蘭人的手裡。

然而，林斯豪頓編譯這些文件的動機究竟是什麼？真的

1-2 ｜ 林斯豪頓（1563-1611）與《東印度水路誌》

是基於愛國情操，還是幕後有高人指點，抑或只是公餘閒暇打發時間？無論如何，《東印度水路誌》翻轉了整個大航海時代的局勢，前往西印度和東印度的航線已不再是某些國家的機密。

隨著 17 世紀的到來，歐洲的力量擴散世界各地，也逐漸構成了全球經濟網絡的雛形。中國的瓷器、絲綢、茶葉，日本刀劍、織品，南洋的香料和世界各地的珍奇異獸，都成為歐洲人強取豪奪的舶來品。此時此刻的世界，成了歐洲船隊遨遊與掠奪的天堂。

有趣的是，在《東印度水路誌》密密麻麻的字裡行間，輕描淡寫著一座島嶼：「我們沿著琉球島，吹著涼爽的季風

在船上平靜度過三天。這樣的平靜感，想來是因為接近陸地
而油然而生的感覺。」

　　某年某月的某一天，一組歐洲船隊經過中國外海，看到
幾座島嶼⋯⋯

　　「Ilha Formosa！」

　　他們看到臺灣了！

　　咦？是嗎？是臺灣吧⋯⋯

香料在東南亞滿地都是！歐洲人的東方夢

有時拿杯子喝飲料時，會無意識的翹起小拇指，一旁沒知識涵養的損友便會急忙拍照上傳，並標為「假掰鬼」嘲笑一番。

哼哼，這群無知的人！翹小指可是歐洲貴族的象徵呢！豈是你們這般草民能理解的。

這隻翹起的小指，都是為了香料啊！

國家機密般的航海圖被荷蘭人昭告天下，大批歐洲船隊爭先恐後航向遙遠的東方，為的是各式各樣歐洲罕見的珍品。其中一項，是爭相搶奪的香料：「胡椒」。

「胡椒到底有什麼好搶的？那在我們國家滿地都是。」身為東南亞或是印度的人滿臉不屑的表示。

沒辦法，歐洲人之所以需要胡椒，不外乎是因為：（1）我們家沒有啊、（2）在歐洲根本種不活、（3）胡椒還會無端消失！

許多胡椒屬（*Piper*）的植物廣泛分布於熱帶亞洲，包括

印度半島、中南半島及馬來群島。其中大家最渴求的物種是製作黑胡椒的胡椒（*Piper nigrum*），原生於印度半島西南方的馬拉巴爾海岸（Malabar Coast）。也難怪這些地方不是稱為「香料半島」，就是「香料群島」。胡椒屬植物喜歡高溫、潮溼、多雨的生長環境，在大航海時代的歐洲，溫帶涼爽的環境根本沒有原生的胡椒，當時的農業技術也難以栽培，只好依賴運輸和貿易。

不僅如此，金銀財寶只要沒有被偷被搶，好好保管不會憑空消失，但是胡椒會！胡椒會就是會！胡椒辛嗆辣的美味祕密，在於胡椒的果皮和種子內含有的特殊化合物「胡椒鹼」（Piperine；化學式 $C_{17}H_{19}NO_3$）。好死不死，美好的東西就是容易倏忽即逝，胡椒鹼相當容易揮發，保存不易。即便是現代，胡椒粉要嘛密封、要嘛吃之前再磨，用意就是要保留胡椒鹼的風味。

歐洲人熱愛胡椒不是一天兩天的事，早在西元前的希臘就有胡椒貿易的紀錄，甚至在古歐洲曾經當作抵押品和貨幣使用。歐洲貴族在飲用冰涼葡萄酒的時候，會習慣翹起小指，為的是避免所有指頭被酒杯上凝結的水滴沾溼，特意留下小指來沾取胡椒粉。否則，用溼答答的手指抓取珍貴的胡椒粉，就是不可饒恕的暴殄天物！

而這就是為什麼，歐洲船隊需要頻繁往返亞洲，貿易香料的重要原因。

發現新大陸什麼的才不要呢！人家只想去印度啦！

1530 年，有一張梯形的世界地圖「東印度與大韃靼地圖」（Tabula Superioris Indiae et Tartariae Maioris）。畫著北半球的東亞，梯形的下底是赤道，橫向的粗紅線是北回歸線。歷史學家依據地圖上的文字，可以辨識出左邊是亞洲大陸和中南半島，因為圖上的地名大多是沿用 13 世紀晚期義大利探險家馬可波羅（Macro Polo）的知名著作《馬可波羅遊記》（Livres des Merveilles du Monde）所使用的地名，例如：杭州（Quinsay）和泉州（Zaiton）。而地圖右邊那塊島嶼則是⋯⋯菲律賓？呵呵，才不是，是日本（Zinpangri）。不要問為什麼日本會畫在北回歸線上，以當時的科技和地理

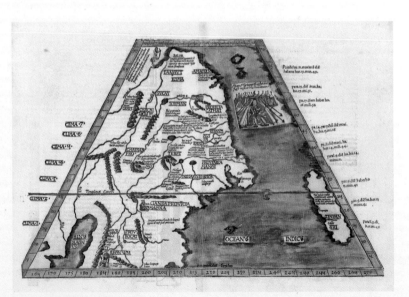

2-1 ｜東印度與大韃靼地圖

知識，可以畫到這個水準已經很了不起了，不然你以為為什麼印度洋會跑來跟華南和日本合影留念！

　　基本上，對當時的歐洲人來說，他們滿腦子都是印度印度印度、香料香料香料。只要往東到了差不多的地方，通通都算印度啦，到了亞太地區也是印度啦。就算是一路航向西方的哥倫布，打死也不願意承認他發現了新大陸，堅持抵達的地方就是馬可波羅描述的印度。所以現在古巴和多明尼加等島嶼還是稱為「西印度群島」（West Indies），新大陸原住民稱為印地安人（Indians，近年有正名為「美洲原住民」）。這些或許是哥倫布的傲嬌所留下的產物，同時也能感受到歐洲人對於東方世界的嚮往，搞得中世紀的地圖滿地都是印度。

　　不過，耐人尋味的是，在亞洲大陸與日本之間，有一座北回歸線通過島嶼。嘿，那是臺灣島嗎？或許是吧，但那時的航海圖，總是把東亞外海的花綵列島畫上幾個島帶過。那座島究竟是什麼？大概早已不可考。

2-2 ｜ 花綵列島指的是位在西太平洋的一系列弧形排列的島嶼，包含：千島群島、日本、琉球、臺灣、菲律賓群島。

介紹臺灣的鄉野奇譚起手式：Ilha Formosa

　　葡萄牙人的航海圖雖然被公開，但就如同不是每個人拿到食譜就能變成米其林三星主廚一樣，最重要還是有沒有實際航行過這條航線的經驗。而且，葡萄牙人早已占據好幾個重要的貿易據點，先是頻繁往返日本，緊接著又在 1553 年占領澳門。在當時明帝國實施海禁、不容許外國人侵門踏戶的狀況下，比較晚來的荷蘭人和其他歐洲人，就只好遊蕩在西太平洋的諸多島嶼之間。

　　歷史上的臺灣島，其實很晚才接觸到其他地方的人類文明。在此之前，臺灣島上只有開開心心的野生動植物和原住民，偶爾和漢人、海盜做做小生意。就連葡萄牙人的船隊經過疑似臺灣的島嶼，也只不過喊了一聲「Ilha Formosa」就晃過去了，登島逛逛對他們來說根本興致缺缺。基本上，這一句話的意思和早餐店阿姨看到客人隨意喊「美女、帥哥」是同樣道理。而且，雖然大多數的時候，Formosa 是指臺灣島，但是地表上以 Formosa 為名的地點多的是。反正看到漂亮的地方，葡萄牙人就隨意給它「Formosa」一下。舉例來說，在南美洲的阿根廷，有一個省就名為「福爾摩沙省」（Villa Formosa）；緊鄰阿根廷和巴拉圭的國界，還附有福爾摩沙國際機場（Aeropuerto Internacional de Formosa）。

　　只不過，經過嚴謹的歷史考究後，這段葡萄牙人讚嘆臺灣島的故事，還是以後人推論和腦補成分居多。如果是真

的，這批葡萄牙人大概想也想不到，在幾百年後的臺灣，這句話竟然成為講述臺灣歷史故事的起手式。

　　無論如何，一座標示著「I. Formosa」（I. 是 Island 的縮寫）的島嶼，漸漸穩定的出現在東亞的航海圖上。

CHAPTER 03

從初登板到穩定先發的福爾摩沙變身記

在東亞地區，臺灣島算是一座不小的島嶼，但不曉得為什麼在古代時常乏人問津。即便是緊鄰臺灣的中國，各朝代可能曾用「鯤島」、「蓬萊」、「夷州」、「大員」等名來稱呼臺灣島，但都輕描淡寫這座海外仙山，對臺灣的興趣甚是缺缺。自古中國英雄總是喊著「統一天下」、「逐鹿中原」，卻少有人望著茫茫大海，大喊著：「我要成為航海王！」即使是中國史上最知名的航海王——明帝國下西洋七次、最遠抵達非洲東岸的鄭和，寧可到非洲抓麒麟（長頸鹿），也不對臺灣島多拋幾下媚眼。

在全球惡霸海圖中，以變形蟲之姿來首發！

哥倫布發現新大陸「美洲」之後，海上強權葡萄牙和西班牙，橫行世界各主要海域，彷彿全世界都是他們兩國的後花園，愛幹嘛就幹嘛。當然，一山不容二虎、一個海洋容不下兩隻大鯊魚，葡萄牙和西班牙當然也是競爭激烈的死對頭。為了假掰的公正，西葡兩國在 1494 年簽訂了《托爾德西里亞斯條約》（Treaty of Tordesillas）。大約以西經 46 度為界，以西是西班牙的（開玩笑，才剛發現的新大陸豈可拱

手讓人）、以東為葡萄牙人的地盤，世界就這麼被西葡兩國一分為二。

嘿，聰明的你肯定發現了，只在地圖上畫一條線，就能將世界平分嗎？當然不行。在麥哲倫（Fernão de Magalhães）的船隊於 1522 年完成環球一圈的航道之後，西葡兩國又在世界的另外一端、盛產香料的摩鹿加群島吵了一架。最後，只好再簽訂《薩拉戈薩條約》（Treaty of Zaragoza）。在東經約 142 度附近再加一條線，以東為葡萄牙的地盤，以西為西班牙的領土。

海上霸權兩國活像坐同一張桌子的小學生：

「你不可以超線喔！」

「吼！你剛剛超線了，我要告訴老師！」

1554 年，《羅伯·歐蒙世界圖》（World Map of Lopo Homem）清楚畫上這兩條世界級的楚河漢界。在這個世界史上極其重要的地圖上，福爾摩沙島悄悄的出現了。在亞洲大陸東邊、北回歸線北方不遠處，有一座如變形蟲般的島嶼，標註著「I. Formosa」。這是目前已知福爾摩沙島在地圖上的初登板。這時東方世界的大致輪廓已經相當清楚，有現今東南亞地圖的雛形。不過，亞洲東方的花綵列島，看起來還沒有描繪的非常清楚，就只是一群島嶼。

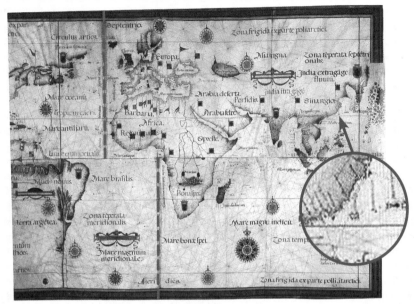

3-1 | 《羅伯‧歐蒙世界圖》上的葡萄牙與西班牙兩國協定的界線（藍綠色虛線），以及在地圖最右方的福爾摩沙島（紅圈標示處）。

臺灣島分三塊？

　　葡萄牙王國雖然是航海霸權，對東方的香料航線瞭若指掌，也分到大部分的印度半島和馬來群島等滿地都是香料的地區，但葡萄牙人心裡還是充滿各種不爽。首先，麥哲倫是葡萄牙人，竟然叛逃去幫西班牙開拓環球新航線，簡直是個「葡奸」！不過，這也怨不得別人，麥哲倫曾經和葡萄牙國王申請經費開拓環球航線，國王卻覺得沒有必要，麥哲倫只好投靠西班牙啦，還娶了西班牙老婆。接著，雖然界線都定好了，但是卻得同意西班牙人自由進出菲律賓群島，根本是

侵門踏戶！最慘的是，大約半世紀之後，國家機密等級的航海路線被林斯豪頓這個荷蘭人給公諸於世，搞得印度洋到處都是歐洲船隊。在各種諸事不吉的狀況下，葡萄牙人便帶著一肚子的怨氣，迎來了 17 世紀的第一道曙光。

即便全球航海霸業經歷諸多紛紛擾擾，臺灣島不僅悄悄浮現在東亞外海，還慢慢的演變成各式各樣的形狀。其中，壽命最長的，可能是將臺灣島「一分為三」的形式。

16 世紀末，《東印度水路誌》書中的「東南亞海圖」，便將臺灣島一分為三。北島為福爾摩沙島（I. Formosa），中島嶼為小琉球（Lequeo Pequeno），而南島沒有名字。三島式的臺灣，可能是船隊沿著臺灣海峽航行，由南而北依序見到高屏溪和濁水溪兩個遼闊的出海口，才會將臺灣誤認為三座鄰近的島嶼。

當時，歐洲和中國人不太在乎臺灣島，反正也不影響船隻從廣州和澳門開往日本的航線。因此，並沒有太多人在意這個錯誤，或者根本也不知道三島式的臺灣有什麼問題。三島式的臺灣，也就在歐洲的地圖上流行了好一段時間，直到荷蘭統治臺灣，歐洲人才比較了解遠在東方的福爾摩沙。

無心插柳柳橙汁，荷蘭人撿到寶島啦！

荷蘭人當然也想去東亞分一杯羹囉。不過，在西班牙和葡萄牙等海上列強環伺之下，要取得一個貿易基地可不是這

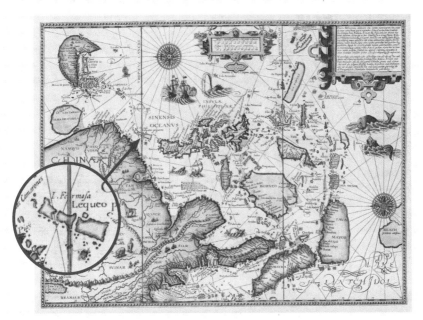

3-2 │ 《東印度水路誌》中的東南亞海圖，請留意北方在右邊，北迴歸線上有一分為三的臺灣島（紅圈標示處）。

麼容易的。澳門有葡萄牙人、馬尼拉有西班牙人，荷蘭人該往哪去呢？

　　這個時候的荷蘭人，還在西班牙人的統治之下，就算1581 年脫離西班牙，荷蘭獨派分子還是持續與西班牙打打殺殺，直到 1648 年才算正式獨立。荷蘭人在歐洲大陸正和西班牙人打得不可開交，遠在地球另一端的船隊還打算在西班牙的貿易市場侵門踏戶，實在是勇氣可嘉。

　　1602 年，荷蘭人整合了 20 幾家東印度貿易公司，成立

「荷蘭聯合東印度公司」（Vereenigde Oost-Indische Compagnie）。其實，成立公司的前一年，荷蘭人已經先去澳門試水溫，希望獲得明朝廷通商的許可。但過程中葡萄牙人在背後從中作梗，讓荷蘭人被明朝廷拒絕，無法在澳門經商。

　　過了三年，荷蘭東印度公司浩浩蕩蕩的來尋求在中國貿易的據點，但因為颱風而滯留澎湖。原先，福建官員開開心心的準備向荷蘭人索賄，聲稱可以打通明帝國各級官員，讓荷蘭獲得通商許可。但葡萄牙人當然不會袖手旁觀，又是砸錢賄賂朝廷官員、又是造謠，百般阻饒荷蘭人。結果，明帝國將領沈有容帶著 50 艘兵船和約 2,000 兵力，在現今的澎湖天后宮勸離荷蘭人。荷蘭人只能離開澎湖，輾轉到臺灣尋找適合的港口，但最終敗興而歸。為此，明帝國立下石碑「沈有容諭退紅毛番韋麻郎等」。這座石碑，是世界文明打開臺灣島的第一把鑰匙。

　　第二把鑰匙，是 18 年後的事。荷蘭人先在印尼雅加達設立據點，並和英國聯手阻擾葡西中三國在東亞的貿易。同時，荷蘭人不放棄在澳門、臺灣和澎湖之間尋找據點，再次勘察臺灣後，還是選擇占領澎湖的風櫃尾，並興建城堡。這時福建官員已經快被煩死了，澎湖老是被這些外國人隨便亂逛，可是會挨朝廷罵的。起初還向荷蘭人說：「拜託你們去臺灣的淡水好嗎？我可以派嚮導帶你們去喔！」結果被荷蘭拒絕。

　　福建官員終究被惹毛了，下定決心趕走荷蘭人。先是以

簽署協議誘騙荷蘭艦隊,結果半夜放火燒船,把將領送到北京處死。接著發動兩次進軍,明帝國軍隊多達一萬人,而荷蘭軍不到一千人。荷蘭人自知這局面只有丟臉的份,但又沒有兼顧面子裡子的臺階可下。這時候,「中國隊長」出現了!

這號人物是在歐洲赫赫有名的中國海商李旦,在歐洲有「中國甲必丹」之稱。「甲必丹」是葡萄牙文 Capitão 的音譯,「中國甲必丹」的意思就是「Captain China」,好似中國隊長般的存在。李旦奉勸荷蘭人,反正硬撐也是被打爆,不如轉往臺灣的安平港,福建當局也會同意。最後,明帝國和荷蘭簽訂「明荷協議」結束戰爭,荷蘭人移師安平。這是打開臺灣的最後一把鑰匙。不過,這件事有兩個莫名之處,一來是商人竟有本事結束國際戰爭,可見官商勾結之深厚;二來臺灣根本不歸明帝國管轄,到底是在同意什麼?

雖然不滿意,但也還可以接受,荷蘭人正是以臺南安平為貿易據點。本來不甚滿意的臺江內海,殊不知這福爾摩沙可不得了!滿地都是蹦蹦跳跳的梅花鹿,鹿皮可以賣給日本人做盔甲外套「陣羽織」;而暖熱的嘉南平原適合生產蔗糖,大量賣給沒有糖就活不下去的日本人。荷蘭人靠著福爾摩沙島的資產,在日本樹立了不少哈臺族,賺進大把大把的日幣。

荷蘭人的意外獲財,讓歐洲對福爾摩沙島更感興趣了。啊對了,這時候荷蘭還沒獨立喔,厲害吧!

福爾摩啥？拿臺灣欺騙整個歐洲

　　大航海時代開拓了歐洲人的視野，宗教中所傳講的世界觀，已經比不上直接呈現在眼前的實境探險。歐洲人於世界各地的所見所聞，成為灌溉人類文藝復興知識茁壯的香醇美酒。再加上印刷術的發達，讓各種報章雜誌書籍成為大眾傳播的主流。行萬里路、讀萬卷書，是 17 世紀歐洲人探索世界的日常。世界上任何一個未曾探索過的未竟之地，無不引起歐洲人無窮的好奇心。

　　如果有人遠航之後回到歐洲，旅行途中的所見所聞，自然是許多求知若渴的歐洲人，非常感興趣的故事。海上的冒險故事，也因而有了市場價值。有錢能使鬼推磨，在這樣的時空背景之下，自然也出了不少騙子。反正，當時的交通和通訊遠遠不及現代，傳遞一封信要花上數個月、一趟遠航回來要花上數年，所以想要打臉這些假冒的探險家，可沒這麼容易。於是，歐洲人的世界觀，就淌在真人真事與故弄玄虛的混水之中。

　　然而，歐洲人對於福爾摩沙的好奇自然也是十分高昂，想當然耳不想錯過任何機會認識這個位在遙遠東方的亞熱帶高山島。如果有人曾經造訪福爾摩沙，甚至根本就是土生土

長的福爾摩沙人，那就更加吸引眾人注目了！

　　毫不意外，有一本福爾摩沙的書籍，緊緊抓住許多歐洲人的目光。很遺憾的是，這整本書都是：憑・空・捏・造。

大家好，我來自福爾摩沙！

　　1704 年，有一位自稱來自福爾摩沙的青年撒瑪納札（George Psalmanazar）在英國出版了一本描述福爾摩沙民族誌與回憶錄的專書，全書名為《日本天皇之島福爾摩沙的歷史與地理描述》（An Historical and Geographical Description of Formosa, an Island subject to the Emperor of Japan）。書中鉅細靡遺的描述福爾摩沙的文化和風土民情，甚至還包含了

4-1 ｜ 撒瑪納札（1679-1763）

福爾摩沙的周邊地圖和字母表。對當時嚮往神祕東方珍禽異獸和珍貴香料的歐洲知識分子來說，這可是有史以來最為完整的福爾摩沙專書！歐洲人如獲至寶，這本書迅速席捲歐洲，也讓許多歐洲人非常崇拜撒瑪納札，紛紛邀請撒瑪納札作客和演說。

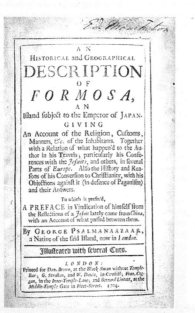

4-2 │《日本天皇之島福爾摩沙的歷史與地理描述》封面，以及撒瑪納札在書裡自創的福爾摩沙語字母表。

撒瑪納札在書中寫了什麼呢？一起來看一下：

福爾摩沙島位於日本以南、中國以東、呂宋以北。 嗯，沒錯！

福爾摩沙氣候宜人，風景優美。但是地震、暴風雨等天災甚多，冬天也頗為寒冷…… 也沒什麼問題

……福爾摩沙人稱自己的島嶼為嘉德阿威雅，嘉德是美麗，阿威雅則是島嶼之意，和福爾摩沙語意相同…… 也許當時某原住民語正是如此

福爾摩沙曾經歷伊斯蘭政權統治，也曾和歐洲荷蘭等國有著密切的貿易關係…… 似乎一半對一半錯

福爾摩沙人的祖先是日本人，因此和日本有著類似的風俗文化…… 這樣寫會有人生氣吧？

福爾摩沙人有吃人肉的習俗……福爾摩沙人有崇拜魔鬼的風俗。 你是指番膏嗎？ 你給我等一下！

聰明的大家可以發現，撒瑪納札在書中的文字充滿著虛虛實實，如果沒有想太多，很自然就會全盤接受，信以為真。不過，也是有飽讀詩書的歐洲人覺得怪怪的。

紙包不住火，謊言終究會被拆穿

其中一個重要的線索，是干治士（George Candidius）在 1628 年的著作《福爾摩沙略紀》（A Short Account of the Island of Formosa in the Indies）。干治士是第一位拜訪福爾摩沙的新教牧師，在新港社（今臺南市新市區）生活了將近 10 年。書中描述西拉雅人的社會文化，還編寫西拉雅語辭典。有些歐洲人對照干治士和撒瑪納札的書，就發現了許多不對勁的地方，而開始質疑撒瑪納札所寫的內容。

撒瑪納札也不是省油的燈，要騙就是堅定的騙到底。在他新版的著作中，撒瑪納札在前言寫到：「我描述故鄉的美麗故事，是各位讀者公信的事實。事實終究會將謠言銷毀。為了不讓讀者被謠言傳說誤導，我毅然決然扛起這個導正視聽的重責大任，從實報導關於福爾摩沙的史實。雖然相關作品充斥坊間，孰是孰非，讀者自有公斷，我無需辯解。」撒瑪納札自詡為描述事實的正義之士，其他人才是不折不扣的騙子。

天文學家愛德蒙・哈雷（Edmond Halley，對，就是發現「哈雷彗星」的哈雷），曾經故意請教撒瑪納札。哈雷問：「請問在福爾摩沙是否有陽光從煙囪直射而下的日子呢？」不愧是天文學家，福爾摩沙位於北回歸線上，夏至的時候會受到陽光直射，這個問題，正是在直接考驗撒瑪納札。沒想到，撒瑪納札的回答是「沒有」。哈雷立刻覺得不對，撒瑪納札卻補充：「因為福爾摩沙的煙囪是彎的」。

隨著類似的矛盾越來越多，撒瑪納札和他的書在歐洲引發了許多紛紛擾擾。為了平息紛爭、澈底解決爭議，英國皇家學會決定找個真的去過福爾摩沙的人來問問。於是，找了一位英國東印度公司員工，請他來看看撒瑪納札的書究竟是真是假。

「不要瞎掰好嗎？」這位員工澈底打臉撒瑪納札，騙子的謊言終究被拆穿了。

相信我，你會很喜歡撒瑪納札的創意

撒瑪納札的名聲跌落谷底，默默退隱江湖，和好朋友山繆·詹森（Samuel Johnson）從事字典的編輯工作。雖然撒瑪納札為了進入上流社會，捏造了一整本民族誌，但是鉅細靡遺的鬼扯程度實在令人佩服，恐怕連一些實際考究的地方誌都比不上。這一點，其實也是撒瑪納札的寫作和語言實力，也難怪詹森願意請他來工作。直到撒瑪納札晚年，他才在自傳中坦承一切都是憑空虛構，他在法國南部長大，一輩子沒離開過歐洲。

撒瑪納札的偽書，至今仍令人津津樂道。1996 年臺灣的出版社出版了繁體中文版《福爾摩啥》（2014 年新版書名是《福爾摩沙變形記》）。即便這是偽書，某種程度也反映了當時歐洲人對於東亞風俗文化的想像。未曾離開歐洲的人們，腦海中的東亞或許就是撒瑪納札書中的樣子。

在撒瑪納札的書中，提到一個有趣的「樓船」，是可以在海上航行的建築物。這個樓船，後來成為作家喬納森‧斯威夫（Jonathan Swift）寫名著《格列佛遊記》的靈感，創造出「天空之城拉普達」[※1]。而「天空之城拉普達」在日後又成為日本導演宮崎駿的靈感來源，完成了著名動畫電影「天空之城」。如果你喜歡宮崎駿的天空之城，你要知道你喜歡的創意，源自於當年欺騙整個歐洲的大騙子。

然而，這起一百五十多年前的風波，意外彰顯斯文豪任重道遠的任務。即便歐洲人拆穿了撒瑪納札的謊言，但當時的福爾摩沙島對歐洲人來說，依然是「未竟之地」。歐洲各國都想嘗試開拓通往福爾摩沙島的航線，並且尋覓合適的貿易港口。在當時，占有航線與港口的

4-3｜樓船插畫

國家，就是等同於捷足先登壟斷各種貿易。再加上才被撒瑪納札擺了一道，英國皇家更加企盼斯文豪以領事的身分，探索這個東方海上的「美麗之島」。

加價 499 元送海怪一隻！

　　人類是在陸地生活的動物，海洋對人類來說，是難以跨越的屏障。隨著航海能力的進步，人類逐漸認識海洋和陸地，勾勒大洋與大陸的輪廓，畫出一張一張的航海圖。不過，探索陸地就已經很不容易，更別說是那一望無際的大海，以及海洋上的大小島嶼與無人知曉的未竟之地。即便是科技遠遠超過中世紀的現代，海面上、海底下，還是存在著許多未曾探索過的神祕角落。

　　如果說，人類社會以農立國，或許也可以說，人類社會是以航海壯國。航海圖是各國航海家與勇敢的海上戰士，經年累月所留下來的智慧結晶，也是許多航海人用生命換來的珍貴資產。航海圖幫助未來的航海家掌握船隻的所在位置，維持穩定的航海路線，避開不必要的危險，順利的完成任務。

　　有趣的是，如果仔細去看早期的航海圖，有時候可以在地圖的邊邊角角，找到幾隻稀奇古怪的角落生物，姑且統稱為「海怪」吧。而且，這些航海圖的海怪，不僅會隨著時間繁衍甚至演化，讓航海圖上海怪的種類與數量都不斷增加，海怪多樣性相當高！

　　海面上的危險，除了難以掌握的天氣和海洋，還包

037

括各式各樣的海中生物。在人類對世界的了解還非常有限的狀況下，遇到未曾見過的海洋生物，尤其是大型的鯨豚、鰭腳類的海象和海獅、鮪魚和旗魚等大型魚類、還有絕對不能缺席的大王酸漿魷，都很容易解讀成巨大凶猛的恐怖海怪。

中世紀早期的海怪，大多是又大又長的海蛇或魚類，有時肚裡還畫了被海怪吞下的水手、有時身旁還會伴隨著幾隻人魚。隨著時代的演進，海怪的多樣性越來越高，漸漸出現了各種獸頭魚身的大型生物。常見的是將家畜的上頭部或上半身，與魚類的後半身或魚尾結合在一起，拼湊出各式各樣的海怪。例如：海豬、海牛（是牛頭魚身的海怪，不是儒艮）、還有罕見的「海豬狗」。

11 世紀的修道院地圖，右邊的海中有海獅和海山羊。

傳說中的深海大海怪就是來自於大王酸漿魷

等等，那這些海怪到底是什麼？難道只是畫好看的裝飾品嗎？嘿嘿，有可能是喔！

起初，海怪是一種危險的警告。在人類對海洋和海中生物還相當陌生的時候，是冒著生命危險出海，沒有人能保證自己能活著回來。因此，海怪在航海圖上的位置，除了表示陌生之外，還暗示著潛在的危險。也許曾經有船隻因為海洋生物的襲擊而沉沒，也許是深夜的暴風雨中看見模糊的海怪身影。人們混雜了緊張與恐懼，搭配有限的知識和無窮的想像，在航海圖上塑造出一隻又一隻的海怪。

不過，到了中世紀大航海時代，航海技術蒸蒸日上，航海圖也越畫越精緻。航海圖不僅是重要的商業機密和國家機密，更是許多貴族爭相收藏的藝術品。這個時候，海怪不再只是危險的警告，也不是不起眼的角落生物，而是藝術品上加價購的超值彩蛋！也就是說，如果想要在航海圖上多畫幾隻海怪在海面上悠游來去，可是要另外付費的喔。因此，製圖師和畫家的創意和技術，也成為了決定航海圖價格的重要關鍵。

大航海時代的展開，讓人類認識了世界上更多種類的生物，同時也創造出更多種類的怪物，兩者都成為鳳毛麟角的收藏品，不僅滿足航海的需求，也豐富了我們的文化。這其實就是生物多樣性所帶來的額外價值，學術上稱為「生態系服務」（ecosystem services）。只可

惜，到了 18 至 19 世紀，航海圖的製作越來越專業，圖上的角落海怪也不再那麼重要，就漸漸的從航海圖上消失了。

不過，海怪就此滅絕了嗎？當然沒有，這些海怪一直活在人類的文化創作當中。

《東印度水路誌》林斯豪頓的航海圖中，有一隻噴著雙水柱的海怪「Balena」，在 16-17 世紀的航海圖中相當常見，可能是看見鯨魚噴水而創造出來的海怪。

歐洲人的珍禽異獸大冒險

大航海時代，許多歐洲的船艦駛離港外，有些船艦帶著豐碩的成果返回歐洲、有些則從此消失在地平線的彼端。探索世界的歷程當中，成功歸航的船隊帶回了許多海外各種稀奇古怪的玩意。當中珍禽異獸成為歐洲貴族的新玩具，也讓科學家的精神為之一振。「我好興奮啊！」的程度不會輸給發現新大陸，彷彿讓整個歐洲的權貴時尚和學界阿宅都充滿活力。

這是駱駝豹還是長頸鹿啊？

收藏家將各式各樣絕美的生物收在私人的櫥櫃裡，稱為「櫥櫃型博物學家」（cabinet naturalist）。他們不一定了解這些生物的生態習性，只是不斷增加收藏量，與其他同好相互較勁。彷彿就像小學生互相比較珍藏的玩具，上流社會的休閒嗜好就是如此「樸實無華」。然而，這樣的較勁，讓上流社會對航海家、探險家和博物學家的需求大增，他們的身價也跟著這些稀世珍寶而水漲船高。

鳳毛麟角、奇貨可居，許多造假的標本也因此以假亂真流入市面，鬧出了不少風波。說實在也不意外，撒瑪納札都

能認真唬爛一本地方誌來詐騙整個歐洲，大量的造假標本也只是小巫見大巫罷了。以至於等到「真的」奇怪標本出現時，大家反而覺得是誰又在造假、惡作劇了！

鴨嘴獸（*Ornithorhynchus anatinus*）的標本首次在歐洲登場時，許多人認為這是造假的標本：將鴨子的嘴巴縫在野獸頭上。當時的人類知識有限，再加上被假貨騙了好一陣子也學乖了，過了好一段時間才相信鴨嘴獸的存在。長頸鹿首次出現在歐洲人眼前時，覺得這種動物像駱駝又像豹，於是就稱之為「駱駝豹」（camel leopard）。又如，來自新幾內亞的大天堂鳥（*Paradisaea apoda*）標本，製作前會切除雙腳。歐洲人以為這種鳥沒有腳，就以「沒有腳的天堂鳥」當作大天堂鳥的學名。種小名 *apoda* 的意思就是「沒有腳的」。

大量的生物湧現在歐洲人的眼前，許多收藏家依自己的喜好為生物命名，造成許多同物異名的混亂現象。直到林奈（Carl von Linné）所著作的《自然系統》（*Systema Naturae*），建構生物命名與分類的基礎原則。在這樣的背景氛圍與生物分類基礎之下，除了廣羅各種生物之外，許多成果傑出的博物學家如囊中之錐，在科學舞臺展露頭角。例如：洪堡（Alexander von Humboldt）、華萊士（Alfred Russel Wallace）、達爾文（Charles Darwin）和斯文豪，都有時勢造英雄的味道。

你才怪獸，你全家都是怪獸！

人類不斷探索這個世界，留下了大量的觀察紀錄與經驗，進而累積成知識。然而，我們常常以人類為出發點去看待不同的生物與自然現象，有時會感到好奇或恐懼。為了滿足好奇心與消除恐懼感，人們會以既有的生活經驗或各種想像試著解釋自然現象。例如：前面提到的海怪「Balena」，用屁股想也知道是鯨魚啊。

舉例來說，日食是個特殊的天文現象，但是在知識有限的時代中，無論東方或西方世界，往往引起人們的恐懼和議論紛紛的解釋。例如《日食說》：

「日者，太陽之精，人君之象。君道有虧，有陰所乘，故食。食者，陽不克也。」

漢代的百姓認為日食是因為君王的德行有了缺陷，或是將要發生災害的惡兆，有些官員因而負上政治責任。如今，古人避之唯恐不及的日食現象，已經變成世界級的熱門活動，而且預測的準確度已經能以秒倒數。

人類觀察生物行為時，也時常衍伸出特別的解釋。《諸羅縣志》記載：

「鵂鶹：子成，父母俱遭其食，不孝鳥也。」

這是因為鵂鶹會將無法消化的食物殘骸變成食繭吐出而留在巢中，不明就理的古人在鵂鶹的巢中發現這些鳥類的殘

骸，便認為是幼鳥長大後把親鳥吃掉了。又例如西方裡的「獨眼巨人」（cyclops）則是源於希臘半島、羅馬時代晚期的傳說生物。當時在希臘半島地區發現史前矮象的頭骨，由於頭骨上的兩個鼻腔孔是相連的，被誤認是眼睛的位置；而頭骨又是人類頭骨的三倍大，再加上當時的人可能根本不知道有大象的存在，因而創造出了知名的妖怪。

5-1｜獨眼巨人與史前矮象頭骨標本

　　由此可見，人類之所以會感到恐懼、覺得某些生物「奇怪」並稱之為「怪物」，只是因為我們對生物多樣性的了解有限。人類豐富的想像力創造出五花八門的妖怪與怪獸，雖然只是空想，卻也豐富了我們的文化。就像《山海經》依然是為人津津樂道的奇書。

物種大發現還沒結束喔！才剛開始呢！

　　就算到了隨時可以拿手機上網、全球直播的現代，我們對生物了解還是非常不足。除了大多數鳥類已經被發現、命名、描述，對於其他生物的認識都還有極大的進步空間。加拿大生物學家摩拉（Camilo Mora）於 2011 年發表的論文中，就估計陸地上還有 86% 的物種、海洋中還有 91% 的物種，等著大家去探索。這些未發現的生物，在人類的心目中基本上跟怪獸沒什麼兩樣，大航海時代所帶來的物種大發現，只是個開胃菜。即使是已知的生物，再投入更多研究之後，也會在習性和行為上有新發現，讓我們更加認識這些生物。

「朝辭白帝彩雲間，千里江陵一日還。兩岸猿聲啼不住，輕舟已過萬重山。」

　　這是李白的詩作〈早發白帝城〉。亞洲的長臂猿會用非常嘹亮的鳴叫聲溝通，有去過泰國或印度旅遊過的人應該不陌生。但說也奇怪，長江流域沒有長臂猿啊？李白到底聽到了什麼？是詩仙喝太多了嗎？

　　2004 年，科學家在秦始皇他奶奶的古墓裡面，發現陪葬動物的遺骸，其中有未知的靈長類頭顱。經過多年的研究，於 2018 年在學術期刊《科學》（*Science*）發表論文[※2]，認定為新屬的長臂猿，命名為 *Junzi imperialis*，意思是「帝國君子長臂猿」。原來，長江流域真的曾經有長臂猿分布，

只是在某個時候滅絕了。看來李白沒喝太多，嗯，至少這次沒有。

就算是在臺灣，近幾年，發現物種的故事也很精采！

金門一直以來都有緬甸蟒（*Python bivittatus*）的蹤跡，過去多認為是寵物逸出所形成的外來族群。直到 2012 年，臺灣師範大學生命科學系林思民教授發現，金門的緬甸蟒基因與福建沿海的緬甸蟒族群相似度高，才確認緬甸蟒屬原生種的地位——一夕之間由外來種翻身為原生種[3]。

2017 年，經過國立自然科學博物館的研究，確認在高美溼地發現的動物牙齒屬於「獐（*Hydropotes inermis*）」[4]。這代表臺灣存在有第四種鹿科動物，只是可惜在 19 世紀滅絕。這解釋了為什麼我們總是看到 19 世紀的文獻裡時常提到獐，原來不是指山羌（*Muntiacus reevesi*），而是廣泛分布於華南的獐。

嘿，最近又有臺灣的科學家在臺南山區發現潛鳥的化石，討論了更新世冰河期的臺灣氣溫、海平面高度、地形樣貌，以及適合潛鳥度冬的環境，覺得相當合理。這則故事，等研究正式發表以後再說吧，敬請拭目以待！

驚醒的臥龍：西方列強查水表

　　無論在日本、朝鮮及中國，都曾有超過 200 年的海禁政策。海禁政策的施行目的，大多是打擊反叛勢力和走私貿易，卻也讓人民失去與大海接觸、嘗試航海的好機會。

　　海禁的最終結局，通常受到打擊的是國內的經濟，甚至是科學與科技的發展。在境外勢力不斷崛起的局勢之下，最後不得不解除海禁，開放港口通商。

　　以中國來說，海禁政策橫跨元代、明代和清代三個朝代。中國的海岸線長達三萬多公里，但歷代多數皇帝對於海洋卻興趣缺缺，實在相當可惜。

合法的稱海商、違法的叫海盜

　　明帝國官員謝傑編撰的《虔臺倭纂》，是這樣寫的：

「寇與商同是人，市通則寇轉為商，市禁則商轉為寇，始之禁禁商，後之禁禁寇。禁之愈嚴而寇愈盛。片板不許下海，艨艟巨艦反蔽江而來，寸貨不許下番，子女玉帛恆滿載而去……於是海濱人人皆賊，有誅之不可勝誅者。」

　　歐洲列強開拓了通往東方的航線，只抵達印度和中南半島是不夠的，當然要繼續挺進，前往馬來群島和東亞各國做生意。東亞的貨物，尤其是中國的絲綢、白銀、茶葉等，在歐洲人眼裡簡直是奇貨可居的存在。想不到，明、清兩朝廷竟然不准一般老百姓和外國人貿易，還曾經動用武力驅趕葡萄牙人。

　　沒關係，山不轉路轉、路不轉人轉。歐洲的貿易商要嘛轉往鄰近島嶼或地區作為貿易站，這樣的局勢反而讓高麗和琉球等國發了一筆小橫財；再不然，就是偷偷走私囉。唉，反正合法的叫貿易，違法的叫走私嘛。而且把走私的處罰當作是貿易成本不就得了，看是要賄賂地方官員，還是要繳罰金都可以啦！沒辦法，市場和利益實在是太龐大了，朝廷不想賺，但想發大財的商人可是滿地都是啊！殺頭的生意一樣有人做。

　　因此，就像謝傑的文字寫的，在法規之下，海商和海盜僅有一線之隔。而且，越是禁止，違法行徑反而越演越烈。檯面上港口連一片木板都禁止下海，檯面下大如鐵達尼號的貨船在半夜開進港內也不意外。這樣睜一隻眼、閉一隻眼的賄賂和走私盛況，讓滿載而歸的歐洲商船歡欣返國。檯面下的福建、浙江、廣東沿海宛如國際貿易中心，馬照跑、舞照跳，遠在天朝的皇帝看不到。

　　雖然到了清代初年，施行海禁的部分原因是為了抵禦鄭成功等反清復明的海上勢力。直到鄭克塽投降，收編臺灣

島，清帝國掃除了這個心頭大患之後，正式開放廣東、漳州、寧波、雲台山等四個港口對外貿易。不過，說好聽是開放通商，事實上清朝廷官員並不喜歡看到外國人在重要港口跑跑跳跳。通商港口開放大約 100 年後，僅剩下廣東一個。不僅如此，清朝廷無論中央朝廷和地方官員，對於外國人在清帝國內陸的日常生活和貿易行為，列了更多嚴格的限制與規定。例如：外國人不可以坐轎子、也不能學中文，貨物的出口量也有限制；超高的關稅自然是少不了的，再加上許多地方官員收取賄賂收得太誇張，都讓歐洲商人大為不滿。過程中，英國為了展現誠意，先後派了馬戛爾尼（George Macartney）和阿美士德（Lord Amherst）向清朝廷贈送禮物，但朝廷不願與英國用平等的關係來貿易，依然抱持天朝心態，甚至為了英國代表只願意「單膝跪地」而不願「三跪九叩」行禮，便將使節驅逐出場。

敲醒巨龍的小花

清帝國與英國外交協商屢次不歡而散，早已讓兩國關係緊張，不過看在當時既有的貿易份上，雙方暫時忍著。在 19 世紀初期前，即便清帝國對國際貿易意興闌珊，但出口量依然遠遠高於進口量（或稱「出超」），原因在於歐洲對於絲綢和茶葉等需求依然居高不下，導致大量白銀流入清帝國。但萬萬沒想到，一株小小植物「鴉片罌粟」（*Papaver somniferum*），大大逆轉了中國與歐洲的貿易局勢。

6-1 ｜罌粟

　　罌粟屬（*Papaver*）的植物可達 100 種之多，用來提煉
鴉片和藥物的主要是鴉片罌粟。種小名 *somniferum* 取自希臘
神話中地獄的睡神 Somnus。人類對罌粟並不陌生，早在西
元 1 世紀就有栽培罌粟的記載。而鴉片罌粟特殊的地方，在
於其果莢內富含白色乳汁，乳汁含有嗎啡和罌粟鹼
（Papaverine）等三十多種生物鹼。讓人上癮和中毒的，便
是這些生物鹼所帶來的作用。罌粟果莢的乳汁刮取之後，還
要陰乾、熬煮、蒸乾，才能製成鴉片，外觀就像一小塊黑
糖，不管是吸或吃，都會有令人飄飄欲仙的功效。

　　雖然明代就有中歐的鴉片貿易，但到了 18 世紀，清代
從貴族到平民，都開始流行吸食鴉片。從原本的貴族時尚，

變成人人都來哈一點的全民運動。英國人發現鴉片在清帝國有利可圖，先是壟斷鴉片的貿易管道，再大量行銷和哄抬價格，讓鴉片在 1859 年的進口量，達到 7 萬 5 千擔！[※5]

鴉片大招一出手，清帝國和英國貿易便從出超逆轉為入超，大量的白銀反向從清帝國流出，同時也導致清帝國的銅錢大幅貶值。清朝廷對外貿、外交與外匯都不擅長，只會傻呼呼的大量打造銅錢，加劇銅錢貶值和國內的通貨膨脹，同時也加重納稅，令人民苦不堪言。

清朝廷見到鴉片導致國力大傷，請出官員林則徐出馬禁鴉片，處罰鴉片商、吸食者，並沒收大量鴉片並於廣州虎門銷毀。然而，清朝廷一派官員在乎的並不是人民吸食鴉片，而是大量的白銀外流。因此，主張只禁公務人員吸食，不管制平民；也推廣國內自產自銷鴉片，降低進口需求。

飄忽不定的鴉片政策、虎門強制銷煙，再加上清帝國與英國之間多年來在外交上累積的不滿，最後在 1840 年爆發鴉片戰爭。然而，英國海軍的實力、武器、編制、實戰經驗上，都遠遠勝過清帝國水師。冷刀劍不敵火槍砲，多起戰爭中，清朝廷的死傷人數是英軍的百倍以上。英軍不停的侵門踏戶、從澳門北上打到天津，還曾經波及基隆，最後從長江口一路逆流而上打到南京，逼迫清軍戰敗並簽署「南京條約」。

南京條約的代價除了割地香港和賠款外，還開放廣州、福州、廈門、寧波、上海等五口通商，這也是後來斯文豪有機會在臺灣擔任領事的開端。此外，這種超級不平等條約，讓更多國家引戰跟進，例如：後續的英法聯軍之役（又稱「第二次鴉片戰爭」）、中法戰爭、八國聯軍和甲午戰爭等，各式各樣的割地賠款及門戶大開做買賣接踵而來。這些戰爭將清帝國從不可一世的天朝座位中拉下來看清現實，東方這隻沉睡已久的巨龍，終於擦亮了那雙巨大的眼睛，看清楚世界的局勢。可惜的是，此時此刻卻已處在最難堪的位置。

6-2｜鴉片戰爭中的穿鼻海戰，清帝國水師正與英國海軍在廣東珠江三角洲海域展開激戰。

斯文豪先生，就決定是你了！

中國近代史，似乎只能寫個「慘」字來一言以蔽之。南京條約和天津條約開放了許多港口通商，英國還可以派駐領事，斯文豪就是其中一人。從大航海時代和地理大發現，到東方與西方的會面與交手，都和斯文豪有孰輕孰重的關係。

躺著玩、坐著玩，反正清帝國隨便我玩

第一次鴉片戰爭後沒幾年，西方列強食髓知味，不斷找各種藉口與清帝國開戰，例如：主張清朝廷未落實南京條約的承諾，或是以查緝走私和逮捕對方人民為導火線，像是引起英法聯軍之役的「亞羅號事件」。

俄國、美國和法國眼看鴉片戰爭後的英國過著吃香喝辣的日子，也跟著英國有樣學樣，知道與清帝國打仗有極大的優勢，還能蹭清帝國豐富天然資源的便宜，便有樣學樣，引發戰爭再逼迫清帝國簽署各種不平等條約，來解決過往海禁等麻煩事，彷彿清帝國就是西方列強追求航海夢想和斂財的殿堂。

1858 年 6 月 13 日至 27 日間，短短兩個星期，清帝國

斯文豪與福爾摩沙的奇幻動物

(053)

就與英國、法國、美國和俄國簽署三份大同小異的天津條約。條約內容中，包括增開臺灣、瓊州兩處通商口岸，這就是斯文豪後來駐臺擔任領事的開端。

出發吧！在印度長大的英國小孩

1836 年 9 月 1 日，斯文豪於印度的加爾各答出生。當時的印度，已經是英國東印度公司（Bristish East India Company）貿易的重要據點，也是英國的殖民地，自然有許多英國人在印度長住、建立家庭。斯文豪的祖父輩，幾乎都任職於英國東印度公司，而斯文豪的祖父和父執輩，除了大伯父是軍人之外，斯文豪的祖父、父親、二伯父和三伯父都是律師，要說斯文豪出生於律師世家也不為過。

不幸的是，1845 年對斯文豪來說是悲慘的一年。先是父親在 2 月時於加爾各答過世；過了幾個月，斯文豪的母親在她帶孩子們返回英國的船上過世。這一年，斯文豪接連失去了爸媽成了孤兒，那時他才 9 歲。

斯文豪共有兩個姊姊、一個哥哥、兩位弟弟和一位妹妹，全家共七個兄弟姊妹。不過，斯文豪 9 歲至 18 歲期間所發生的事情，卻不太容易考究，僅能從許多家人的間接資料旁敲側擊。雖然細節並不清楚，但大致上斯文豪在 10 歲前後返回英國倫敦後，便和母親的家庭同住，並且於 1849 年至 1853 年間，在倫敦求學。1854 年，斯文豪藉由國王學

院（King's Colleage）的推薦資格，參加了英國駐華外交人員的選才考試。

雖然在鴉片戰爭中，英國把清帝國軍隊打得落花流水，但事實上英國在戰爭期間，也是遇到了不少的麻煩。其中一個，便是英國人察覺翻譯人員嚴重不足，許多在戰爭前線的英國人，一個中文字都看不懂，對後勤補給和獲取戰爭情報，是相當大的障礙。就算鴉片戰爭結束，缺乏翻譯人才的問題並沒有消失，需求量反倒更大了。

舉例來說，依照南京條約開放五個港口通商，清帝國與英國雙方需要溝通和協商的事情也比鴉片戰爭以前更多、更複雜。在缺乏優秀翻譯人才的狀況下，與清朝廷容易產生誤解或不對等的談判，抑或對百姓公告的公文和皇帝的聖旨內容，英國人都是一無所知。

為此，英國與教會合作，除了借調翻譯人才之外，英國政府也積極在國內舉辦語言學校和推動翻譯課程，希望快速培養更多翻譯人才，好讓東方的貿易和外交有更順利的發展。原先還有教北京話（官話）、上海話和廣東話，但幾年後為了提高效率，刪除了方言課程，所有課程都只教北京話。

英國駐華外交人員共選五人，斯文豪就是其中一位獲選的學生，開啟了斯文豪的公務員生涯。當時英國派駐清帝國的人員，都必須從學生譯員（Student Interpreter）開始，再

一路爬升為助理（Assistant）、翻譯官（Interpreter）、副領事（Vice Consul）和領事（Consul）。而其他和斯文豪同梯的學生譯員，分別被派駐在清帝國各地，例如：香港、上海、福州和寧波等[※6]。

派駐香港，交個女朋友吧！

雖然之前提到關於斯文豪生平早期的資料與紀錄很少，不過，研究斯文豪的臺灣學者張安理認為，從斯文豪的同梯赫德（Robert Hart）日記的字裡行間，可以感受到斯文豪是個嚴肅又不苟言笑的人、平時舉止老氣橫秋[※7]。此外，赫德似乎還在日記中稱斯文豪為 S-h-e，應該是 Swinhoe 的簡寫。

或許最沒同理心、最喜歡挖苦自己的損友才是真朋友吧。斯文豪自己沒留下什麼日記和文字紀錄，當時也沒有 facebook 或 instagram 可以發廢文。倒是沒良心的同梯赫德先生在日記裡爆了不少斯文豪的八卦。在英國學生譯員的香港住處，有三位當地的女性經常被提及。其中一位音譯名為 Aquang，赫德備註這位 Aquang 是斯文豪的小甜心（Swinhoe's sweet heart），真是個稱職的損友（給讚）。

無論這些離鄉背井、派駐海外的英國人，心裡是真的寂寞難耐而動了真情，還是藉由與母語人士深入交往，以便快速提升外語能力，這些都不重要。曾經也有福州的翻譯官被

傳教士發現偷養當地情婦，翻譯官反倒大言不慚的說，這是加深對中華文化和語言認識、提升中文能力最理想的方式，這樣才能對英國外交有更大的貢獻。有趣的是，英國政府非但沒有懲處，反而還將他升官。

　　不可否認的，語言交換確實是快速提升翻譯能力的絕佳方法，至於有沒有暗藏其他心思，英國政府一點也不在乎，我們也就別管了吧。

分類依據的演變

分類，就是分門別類，我們都有把任何東西分門別類的經驗，「物以類聚」指的就是把相似的放在一起，這是基本的分類原則，生物分類也是如此。

然而，把相似的東西放在一起，總是要有個「分類依據」，這樣大家才知道你在分什麼、怎麼分。幾百年前傳統生物分類學，只能以外觀作為唯一的分類依據，因為科學家也沒別的資訊可以運用啦。達爾文出版《物種源始》（On the Origin of Species）的時候，年輕的孟德爾還在院子裡種碗豆呢！也就是說，當時的科學知識還沒有遺傳的觀念，總之就是把長得像的放一起，當作同一種生物。

問題來了，一堆生物標本攤在你面前，你要怎麼分類？大的對上小的、黑的對上白的，長的一堆、短的一堆，還是用身上有斑點的一類、頭上長角的一類？到底該怎麼辦才好？結果，由於分類依據的個人選擇偏好和選擇順序，會得出截然不同的分類結果，造成開始爭論誰的比較好、誰才是對的、誰又是錯的，引發分類學家之間的衝突、派系與紛爭。

問題不僅如此，生物複雜程度永遠超乎我們的想

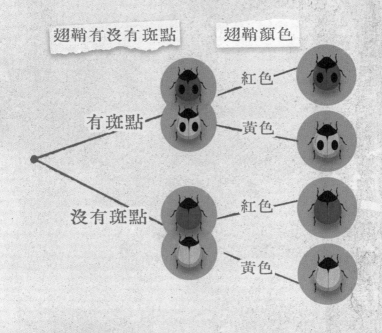

翅鞘有沒有斑點　翅鞘顏色

有斑點　紅色　黃色

沒有斑點　紅色　黃色

翅鞘顏色　翅鞘有沒有斑點

紅色　有斑點　沒有斑點

黃色　有斑點　沒有斑點

即便是面對同樣的生物標本，
不同科學家使用不同分類依
據，就會產生各種分類結果。

像，一群親緣關係天差地遠的生物生活在環境相似的地方，外觀會長得很像，這種現象叫做「趨同演化」（convergent evolution）。舉例來說，鯊魚是魚類、魚龍是爬行類、海豚是哺乳類，牠們都有類似的外觀，但是這三者關係相距甚遠。如果用傳統的形態分類，很容易把牠們放在一起，那可就大錯特錯了。

另一種狀況是，某個祖先種拓殖到新環境，後代各自占據不同的棲位：森林、草原、樹上、地下、水中……漸漸的，彼此的外觀差異越來越大，這個稱為「輻射演化」（adaptive radiation）。例如：加拉巴哥群島上各式各樣的達爾文雀，到了不同的島嶼，適應不同的環境，而有了截然不同的體型和鳥喙，就是輻射演化的經典案例。但是，這些輻射演化的子孫，依舊都是共同祖先的後代，如果用傳統的形態分類，很容易把他們分得很遠，那也是會出問題。

幸好，近幾十年來，拜分子生物技術之賜，已經可以透過 DNA 探討生物的親緣關係，當作分類依據。最大的優點是，無論是誰來做實驗，結果不會相差太多，免於各說各話。近年已經累積了世界各地許多生物的DNA，分類學家就捲起袖子來重新看看這些生物的親緣關係。

DNA 分類研究不做還好、一做竟驚為天人。有許多生物分類一整個大翻盤，發現有些長得很不像的竟然

是同一種；在野外幾乎無法辨識不同之處的生物，竟然是不同種；還有一夜之間一種解壓縮變十幾種的案例。例如：以前我們認為隼類和鷹類長得很像，於是把牠們都放在鷹形目，但是經過 DNA 檢測之後發現不對，其實這些隼跟鸚鵡的關係比較接近，於是移到鸚鵡隔壁。

不僅如此，現在資訊交流技術發達，DNA 不是唯一的分類依據，形態、聲音、地理分布、行為等也要一起考量，所以得等待這些資訊都蒐集齊全了，再經過審慎的比較之後，才來決定分類結果。

也就是說，目前我們正處於生物分類主要依據轉變的過渡時代，而且有些生物正處理到一半，因此會有「以形態為依據」和「以 DNA 為依據」的結果並存的狀況，改來改去的狀況也非常常見。

那麼，接下來會怎麼樣呢？分類變遷還會持續發生，物種只會越分越多，彼此因為住的環境相似而長得越來越像，但 DNA 會說出真相：牠們都屬於不同的物種。這樣的趨勢會讓物種變多、特有種變多，也讓生物保育地位提昇、受脅狀況提高。當然，野外調查的難度也會提高，光憑外觀根本無法辨識種類。

過渡時期就是這樣，生物觀察者要堅強，請好好面對現實。

大冠鷲（鷹類）

紅隼

紅領綠鸚鵡

從外形來看，任何人都覺得鷹類和隼類比較像。

第 2 部

斯文豪在臺灣

尋人啟示：斯文豪環臺灣島

　　臺灣島自從荷蘭人登陸以後，就一直是歐洲人感興趣的通商據點。即使經歷過荷蘭人和西班牙人的短暫統治，歐洲各國對臺灣的了解還是相當有限。尤其被撒瑪納札的偽書大騙一場之後，便不太敢相信來源不明、缺乏根據的說詞。但這回不一樣，斯文豪是不折不扣的自己人，而且航海與通訊能力也比上個世紀要好太多。斯文豪對臺灣島的所見所聞，不僅現代人想看，在當時或許就已經是熱門文章。

　　斯文豪的文章，大致上可以分為兩大類：記敘文和野生生物名錄。第一類的記敘文，並沒有特定的形式，有點像是現代的部落格文章或社群媒體上字數較多的發文，但也不至於想到什麼講什麼。斯文豪通常會將眼前所見的景致、遇到的人物和打交道的過程、觀察和採集的野生動植物、自己的感受和評述等，都寫在這類文章裡。

　　第二類的生物名錄，不僅羅列野生動植物的英文俗名和學名，也包括採集地點和日期、採集過程、生物外觀的各種測量數值、自己的觀察心得與生物學觀點等。不過，斯文豪的敘述文字有長有短，短則只寫下「採集於上海」，長則會記錄內臟的測量數值，甚至生物相關的鄉野奇譚。

閱讀斯文豪的文章就像是進入時光隧道一樣,從字裡行可以勾勒出臺灣島於 19 世紀風土民情和自然景致。這也是為什麼,博物學、生態學、歷史學、人類學、民俗學等各領域的專家,都熱切研究斯文豪的著作。

斯文豪首「登」臺灣島:香山竹南海濱散步

青春洋溢的學生時光總是過得特別快,斯文豪在香港的學生譯員訓期結束之後,在 1855 年抵達廈門,擔任正式的英國駐華外交人員。斯文豪到臺灣任職之前,大多在廈門工作,也曾調往上海。雖然斯文豪正式調任到臺灣島是 1860 年的事,不過在此之前,斯文豪已經登島兩次,其中一次還乘著軍艦環島一周。

斯文豪第一次踏上臺灣本島,是在 1856 年的 3 月,現今的新竹香山區及苗栗竹南鎮一帶活動。斯文豪將這一次的造訪福爾摩沙島的經驗,撰寫成《福爾摩沙香山海濱之旅》(A trip to Hongsan, on the Formosan coast)一文,刊登於《中國陸上郵報副刊》[※8]。

斯文豪的香山之旅文章裡面,並沒有明確說明造訪目的。不過,從文章裡圍繞的主角「樟樹」和「樟腦」,也不難理解斯文豪來到臺灣為的就是探訪臺灣的樟樹和樟腦產業,同時也試著尋找可以作為通商據點的港口(關於臺灣當時的樟腦產業,可見第 13 章的介紹)。

此外，斯文豪本身就是自然觀察愛好者，尤其偏愛觀察鳥類。不僅如此，對於不同地區的相似生物之間的外觀差異，斯文豪的觀察相當細膩敏銳，在許多文章提出自己的觀點。因此，對於臺灣這座與廈門遙遙相望的高山島嶼，自然是相當好奇。在香山遊記中，斯文豪提及的鳥類包括鷦鶯（*Prinia* spp.，又一俗名為「芒冬稻仔」（MangTang））、大卷尾（*Dicrurus microcercus*，又一俗名為「烏秋」（Otsew））、臺灣畫眉（*Garrulax taewanus*）、扇尾鶯（*Cisticola* spp.，又一俗名為「細尾鷦鶯」（Malurus））、小環頸鴴（*Charadrius dubius*）和東方環頸鴴（*Charadrius alexandrinus*）等。其中，在斯文豪的原文中，對鷦鶯和大卷尾僅寫下 MangTang 和 Otsew，可以看出即便斯文豪有能力辨識物種，在文章中仍然保留當地人稱之的發音方式。

斯文豪首「環」臺灣島：尋人啟事與港口探勘

斯文豪第二次訪臺是 1858 年，斯文豪搭上了英國軍艦「不屈號」（*Inflexible*），在船上擔任翻譯。這一次環島目的是要找兩位失蹤的歐洲人。以下是當時坊間流傳的說法：

「香港市場上，有一枚刻有史密斯（Smith）家徽的戒指，據說來自臺灣島。主人是英國人湯馬仕·史密斯（Thomas Smith），他搭乘的船隻在臺灣海峽失事，同行的還有美國人湯馬仕·奈（Thomas Nye）。坊間謠傳這兩人仍滯留在臺灣，被當作奴隸。」

不過，這尋人的艦隊未免也太浩浩蕩蕩了，感覺英國政府還打著什麼如意算盤。沒錯，英國艦隊打算繞行臺灣島一圈，澈底勘查適合通商的港口，也看看附近居民對於外國人的反應和友善程度。艦隊以逆時針方式環島，從斯文豪的文字來看，至少登陸六次，包括國賽港（臺南國聖燈塔附近）、枋寮、瑯橋灣（恆春）、蘇澳、雞籠（基隆）和滬尾（淡水），基隆那一趟還一路探勘到七堵[※9]。

這裡值得注意的是，斯文豪這一次訪臺期間是 1858 年 6 月 7 日至 7 月 1 日。把日期寫這麼詳細不是要湊字數，而是在斯文豪返回廈門前幾天的 1858 年 6 月 26 日，清帝國與英國簽訂了天津條約，開放臺灣島的港口通商。斯文豪這一趟環島行彷彿先來探探不錯的港口。

整體來說，就和大家對臺灣海岸線的認識一樣：香山港、中港、安平、枋寮和瑯橋，都需要轉搭小艇，甚至竹筏；而雞籠、蘇澳和滬尾則是良好的深水港。打狗已經是熱絡的商港而不用花太多心力考察。東部的港口雖然條件良好，但是要與清帝國貿易的話，無論臺灣島內運輸或海路往返清帝國內陸都路途遙遠，而且還有被原住民攻擊的風險；西部的港口只要中型船隻能入港，不需要經過轉乘，就值得經營。

斯文豪所屬的艦隊最終還是沒有找到兩位失蹤人口，當地居民不是說今年沒有船難發生，就是說可能已經被原住民殺害。在尋人啟事上斯文豪雖然無功而返，但是英國人對於

臺灣整體海岸線的狀況又多了一番認識，或許這才是主要的
目的。

　　返回廈門後，斯文豪經歷了英法聯軍，到華北支援後勤
翻譯。戰爭結束後不久，斯文豪接到了一只派令：前往臺灣
島擔任副領事。

斯文豪的生物地理與演化觀點（上）

　　隨著船尾拉出一道閃爍著陽光的潔白浪花，喧鬧的臺東富岡漁港已經漸行漸遠，臺灣島也沿著浪花的盡頭，逐漸隱沒在海平面之下。2002 年的春天，是當時身為高中生的我首次離開臺灣島，跨越海洋的隔閡，來到東部離島蘭嶼探訪不同的生物世界。當時我的自然觀察經驗不到一年，規律的課業生活讓人走訪野外的機會有限。

　　但翻閱圖鑑時，我發現無論是鳥類、昆蟲或兩棲爬行，有些生物必須到蘭嶼才有機會目睹真面目，如珠光鳳蝶（*Troides magellanus*）、小圓斑球背象鼻蟲（*Pachyrhynchus tobafolius*）、雅美鱗趾蝎虎（*Lepidodactylus yami*）及長尾鳩（*Macropygia tenuirostris*）。對每一位自然觀察愛好者來說，老是待在同樣的地區，觀察久了終究會感到厭膩，而對於從未拜訪過的新世界，又更加興奮期待。相信斯文豪也不例外，因為生物地理學告訴我們，不同的地理區時常能發現截然不同的生物。

　　斯文豪年幼時在印度加爾各答長大，求學時間回到父母的家鄉英國，後來獲推薦到香港從事翻譯訓練，最後在華南和臺灣從事領事工作。這樣的生涯經歷，讓斯文豪無意間在

不同的生物地理區之間生活過，也在當地從事自然觀察。對斯文豪來說，這無疑是個無價之寶，也是無心插柳之間，讓他成為最適合比較歐洲、印度半島、華南和臺灣各地區生物組成和差異的最佳人選。

什麼是生物地理？

「生物地理」這四個字裡面，「生物」是指「生物多樣性」，泛指所有生物和生命現象；「地理」則是指各種現象在空間中的變化。也就是說，「生物地理」是探討各類生命現象的空間變化，而探討這個問題的科學，稱為「生物地理學」（biogeography）。主要探討生物多樣性的空間分布狀況、這些分布隨時間的變化、以及其背後形成的原因與機制。這是門揉合生態學、演化生物學、生物系統學（systematics）、地理學、及地球科學等諸多知識領域的學問。

生物地理學主要由空間、時間、生物多樣性等三個元素所構成。空間範圍大至全世界的鳥類分布狀況，也可以小至一棵樹上的小鳥在不同高度的偏好。時間尺度的範圍可遠至探索數百萬年前板塊漂移，也可近至除草前後的昆蟲數量變化。也可以說，生物地理學常問的問題是：為什麼這種生物分布在這裡？哪個生物分布在哪裡？哪些地方的生物多？哪些地方的生物少？為何而多？為何而少？都是生物地理學的討論範疇。

這些地方的生物頗相似：生物地理區

「生物相」是指一個地區的物種組成，生物相相似度高的地理區，常統稱為生物地理區（biogeographic region）；生物相差異極大的地區之間，則會以生物地理界線（biogeographic line）做區隔。各個生物地理區之間的比較研究，是大尺度生態學和演化生物學研究的重要基本單位。

1876 年，華萊士（Alfred Russel Wallace）的著作《動物的地理分布》（The Geographical Distribution of Animals），依據陸域野生動物組成的相似程度，將全世界區分為六大生物地理區：包括古北區（Palearctic）、東洋區（Oriental）、澳洲區（Australian）、非洲區（Ethiopian）、新北區（Nearctic）與新熱帶區（Neotropical）。

2013 年，丹麥學者霍特（Ben Holt）認為許多生物地理區的劃分，都未將生物的親緣關係與生物的分布結合。於是分別以兩棲類、鳥類及哺乳類的親緣關係為基礎，將世界區分為 11 個生物地理區或 20 個小區[10]。

臺灣屬於哪一區？

眼尖而且關心臺灣的你肯定發現了一個怪怪的現象：臺灣到底屬於哪一個生物地理區啊？

傳統上，臺灣大多認為屬於東方區，但是霍特的研究並

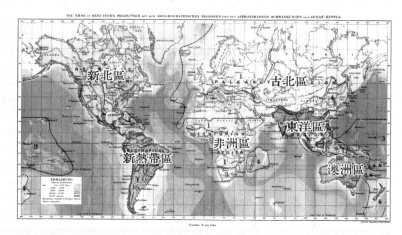

9-1 │ 華萊士所主張的生物地理區

9-2 │ 霍特所主張的生物地理區

沒有明確指出，臺灣的鳥類相是屬於東洋區，還是新提出的新日區（the Sino-Japanese realm）。可能是因為聚焦在討論全球尺度的關係，對於小型島嶼的討論並未著墨太多。

我們將東亞 19 個主要島嶼，加上澳洲、馬來半島、朝鮮半島等代表三個大陸的比對，總計 22 個陸塊單位，分析這些地方鳥類組成的相似和相異程度，共包含 2197 種鳥類。

結果顯示，臺灣屬於古北區，不過卻是古北區的邊緣人，鄰近古北區和東洋區的交界。無論用哪一種分析方法，臺灣都位在尷尬的位置，難以一刀兩斷。果真是個難分難解的課題。不過，這樣的結果也顯示，臺灣的小鳥中，來自古北區和東洋區的都占一定程度的比例，才會呈現這樣的結果，但古北區略勝一籌 ※11。

這樣的結果，兩條與古北區相連的主要陸橋。第一條古東亞陸橋，使九州與亞洲大陸相連，古北區鳥種可藉此擴散到臺灣。第二條陸橋位於臺灣海峽，協助東洋區鳥種擴散到臺灣，讓臺灣的鳥類組成，沒有那麼濃厚的古北區色彩。

無論臺灣屬於哪一區，都難以否認臺灣的鳥類組成相當特別的事實。而且，換個物種來分析，我們可能會獲得截然不同的結果。在 19 世紀那樣交通和通訊技術相當有限的時代，探索一個地區的野生動物和植物，都需要長途旅行、長途跋涉、周遊列國，才有機會看出一些端倪，也仰賴許多博物學家之間的討論。

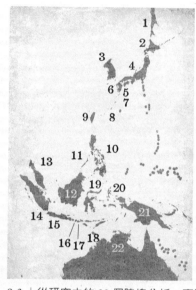

古北區

東方區

澳洲區

9-3 ｜ 從研究中的 22 個陸塊分析，臺灣位在古北區和東洋區的交界。

當時的博物學家如何看待臺灣？也許我們可以來問問斯文豪先生。

斯文豪的生物地理與演化觀點（下）

　　在這裡，我要向斯文豪先生深深的致歉。以前，我時常半開玩笑的說，斯文豪是位熱衷自然觀察、不務正業的外交官。在讀了斯文豪的著作之後，才發現這個誤會可大了。採集東方的各種野生動植物活體或標本，並且寄回英國皇家學會，也是斯文豪的外交工作之一。從斯文豪對各種生物形態和特徵的描述，可以看出來他是觀察非常敏銳且極度細心的人。當時攝影技術剛起步，加上通訊和交通不便、繪圖速度有限等限制，自然觀察大多只能依賴文字描述。在這樣的狀況下，斯文豪還是可以如數家珍且鉅細靡遺的描述手上的標本，還測量五臟六腑，並與印度、日本、中國或歐洲的相似物種比較。當我看到斯文豪描述的文字，便對斯文豪觀察和辨識物種的能力非常有信心。當時，達爾文的《物種源始》才剛出版不久，以天擇詮釋生物演化的概念才剛剛萌芽，世界各地的博物學家都在一邊採集生物，一邊思索著生物之間分布與演化的關係。能明察秋毫當中關係的科學家，斯文豪就是其中一人。

斯文豪先生，您怎麼看？

斯文豪曾在一個文件中寫道：

「福爾摩沙南部屬於熱帶地區，但我們沒有發現熱帶地區特有的動物。菲律賓相當多的鸚鵡和其他熱帶鳥類，根本就沒有在福爾摩沙棲息。」[※12]

從這段文字，斯文豪已經注意到臺灣鳥類與熱帶鳥類的差異。斯文豪提到，臺灣雖然沒有熱帶鸚鵡，但是有五色鳥、山椒鳥這些熱帶鳥種；森林裡有樹蕨、海面下有珊瑚和熱帶魚，這些都是熱帶生物的元素。可見要定義臺灣生物地理區還真不容易。另外，斯文豪也說到，臺灣有許多與亞洲大陸相似的小型鳥類，例如：繡眼畫眉（*Alcippe morrisonia*）和頭烏線（*Schoeniparus brunneus*）。斯文豪認為臺灣一定曾經與亞洲大陸相連，這些移動能力有限的生物才有辦法遷入臺灣。不僅如此，相連的時間可能沒有距離當時太久，所以這些生物在臺灣和中國的族群，外觀沒有很大的差異。

同一份文件還寫到：

「福爾摩沙與日本相關的鳥類，只存在於赤腹山雀身上。」[※12]

斯文豪提到，臺灣和日本之間的鳥類相似度並不高，具代表性的只有赤腹山雀。然而，斯文豪也發現，臺灣的赤腹山雀和日本的赤腹山雀已經有相當的差異。不僅體型比較小，羽衣的顏色也有所變化，可見這種鳥已經經歷了相當程度的隔離和分化。而且在日本和臺灣之間往來，可能是更久

以前的事。如果臺灣和日本如此容易透過沖繩列島往來，又為什麼找不到更多的臺灣與日本之間的相似種呢？

真是想不到，在親緣關係技術問世之前，斯文豪就發現端倪了。確實沒錯，目前臺灣的族群已成為臺灣特有種的赤腹山雀（*Sittiparus castaneoventris*），而日本的族群為雜色山雀（*Sittiparus varius*），兩者分為兩種不同的小鳥。完全契合斯文豪的觀點。

冰河時期，海平面下降導致大面積的陸棚形成陸橋，讓有些鳥類得以跨越海洋的障礙播遷至鄰近大陸的島嶼，臺灣的鳥類來源即是很典型的例子。很多臺灣的留鳥源自於古北區或是喜馬拉雅山區，當初隨著冰河擴張、氣候變冷、陸橋出現，這些鳥類從古北界或是喜馬拉雅山區拓殖到臺灣。當冰河退縮、氣候變暖、陸橋消失，鳥類就留在臺灣。幸好臺灣有高山，成為適合這些鳥類生存、類似溫帶的環境[13]。

然而，中國華南因為沒有高山，這些鳥類難以生存，造成很多在臺灣高山的鳥類，與歐亞大陸的同類族群相當隔離，有著不連續的分布。例如：大赤啄木（*Dendrocopos leucotos*）、鷦鷯（*Troglodytes troglodytes*）、岩鷚（*Prunella collaris*）、青背山雀（*Parus monticolus*）、黃腹琉璃（*Niltava vivida*）等棲息在臺灣中高海拔山區的鳥種，在歐亞大陸都只分布在古北區及喜馬拉雅山區。

童年時期曾經在印度生活好幾年的斯文豪，求學時期又回到英國和歐洲，接著派往香港和廈門擔任翻譯官、因為英法聯軍之役到華北支援翻譯、最後奉派到臺灣擔任領事。你會發現，19 世紀的博物學家，幾乎都經歷過重大的長途旅行。例如：搭乘小獵犬號到加拉巴哥群島的達爾文、曾經遠赴南美洲和馬來群島的華萊士、或是洪堡遠赴中南美洲探勘。曾經去過很遠的地方，才會注意到生存於不同地理區或環境中的生物，在外觀和行為上有差異。斯文豪任職在臺灣和福建之間，自然就能看出當中不同之處，例如環頸雉（*Phasianus colchicus*）和臺灣竹雞（*Bambusicola sonorivox*）。

在觀察臺灣的鳥類後，斯文豪發現牠們雖然和喜馬拉雅山區、廈門地區的鳥類非常相似，但又有些明顯的差異。因此，斯文豪認為，喜馬拉雅山區的鳥類，一路往四川、華南擴張族群，最後抵達臺灣[13]。斯文豪也提到，比較某些鳥類在臺灣和印度之間的形態差異之後，他認為未曾走訪過的中國內陸地區，勢必有形態介於兩者之間的「中間物種」，才符合當時生物的族群擴張和外形漸變的想法[14]。雖然從現代的生態演化學觀點來看，斯文豪的想法並不完全正確，但是在資源有限的狀況下，能夠明確推論臺灣的鳥類起源，是相當傑出的洞見。

臺灣特有種鳥類超多！

斯文豪在福爾摩沙探索的這幾年，還沒有遺傳的觀念。

因此，博物學家只能透過形態特徵來分類與界定物種，也就是「形態種概念」——物以類聚，長得像的放一起。有趣的是，在這樣的觀點之下，臺灣的特有鳥種數比現在還多，例如：朱鸝（*Oriolus traillii*）、褐頭鷦鶯和綠啄木（*Picus canus*），斯文豪都視為福爾摩沙的特有種鳥類，因為牠們和亞洲一帶的相似種，形態上都有一定程度的差異。

20 世紀期間，「生物種概念」（biological species concept）成為物種分類的主流觀點：只要能夠交配繁殖，並且生下具有繁殖能力的後代，便屬於相同的物種。換句話說，不同的物種之間，必須要存有讓他們無法繁殖的「生殖隔離機制」（reproductive isolating mechanism）。例如：分布地點很遠，在自然狀況下根本老死不相往來；或是長相不一樣，根本互看不對眼，彼此不會愛上對方；又或是鳴唱聲相差太大，根本提不起對方的興致[※15]。

如此一來，這些沒有確切生殖隔離機制的鳥種，又被合併為相同的鳥種，讓臺灣的特有鳥種數又變少了。然而，由於這些小鳥之間的形態和分布上確實有差異，便先暫時以「亞種」（subspecies）的方式處理。到了現代，隨著科學的進展，逐漸改用「親緣種概念」（phylogenetic species concept）來定義物種：在演化上已經產生族群分化，踏上分道揚鑣的不歸路，就認定為不同的物種。於是，有些臺灣的鳥類又與鄰近地區的族群分開，變成特有種，例如：臺灣擬啄木（五色鳥；*Psilopogon nuchalis*）、小彎嘴畫眉（*Pomatorhinus musicus*）

和臺灣鷦眉（*Pnoepyga formosana*）等，讓臺灣的特有鳥種數又重新增加。舉例來說，我剛開始在觀察鳥類時（2001年），臺灣的特有種鳥類有 16 種；到了現在（2023 年），臺灣的特有種鳥類增加到 32 種！足足增加了一倍！

這是我們發現了全新的鳥種嗎？當然不是。而是我們對於臺灣的小鳥有了更進一步的認識。

隨著不同物種概念的演進，臺灣鳥類的分類歸屬分分合合。現在回過頭來閱讀斯文豪的文字，雖然知道是不同的物種概念所致，但也不免令人覺得有趣，我們現在對鳥類分類的處理，又逐漸與斯文豪的處理越來越相似，甚至是不謀而合。我在處理斯文豪文獻的重要工作之一，是追查史料中生物的分類變遷，發現這樣的現象，不免莞爾。生物分類多走了 150 多年的路，似乎又回到斯文豪的觀點。

查不到的學名？生物的學名變遷

如果你讀到這裡，對斯文豪感興趣，而去找了斯文豪的原文著作來讀，我要先大大稱讚你一番！因為，許多人對斯文豪朗朗上口、講得頭頭是道，但實際上有好好讀過斯文豪著作的人卻寥寥可數。如果你去找來閱讀，那已經比很多人還要認真了。然而，你可能也會發現，斯文豪用的生物學名，怎麼跟我現在用的不一樣？

先別急，我們不用回到 19 世紀那麼久以前，只要從圖書館借出不同年分出版的《臺灣野鳥圖鑑》，將每一本都翻到五色鳥這一頁，然後看看不同年分版本裡的學名怎麼寫：

Megalaima oorti

Megalaima nuchalis

Psilopogon nuchalis

怎麼會這樣？國中生物課本不是說好，生物的學名是固定不變的嗎？很遺憾，學名並不是固定不變，而是可以調整，但是調整的流程和條件，有相當嚴謹的規範。這樣的現象，稱為「分類變遷」。發生這個現象不是因為發現新鳥種，而是對小鳥有更多的認識。

斯文豪與福爾摩沙的奇幻動物

081

　　不妨用電腦的檔案資料夾來想像：每個物種是一個資料夾，資料夾裡面有一到多個檔案，每個檔案代表一個亞種。簡單的說，「分類變遷」就是這些檔案在不同的資料夾裡面調動位置。

　　常見的分類變遷處理大概有三種：「分裂」（splitting）、「合併」（lumping）和「改置」（re-assigning）。以鳥類來說，目前最常見的狀況是分裂，接著是改置和合併。

「分裂」分成不同物種、「改置」換個分類位置。

　　原本一個資料夾有許多檔案，這些檔案重新整理後分裝成兩個或更多資料夾，這就是「分裂」：一種小鳥的多個亞種，分成兩種或更多種小鳥。「改置」則是某個物種的資料夾，改放到另一個屬的資料夾裡面。五色鳥的分類變遷，在近年一共發生過兩次。第一次是分裂，從五色鳥中獨立出來，成為臺灣特有種「臺灣擬啄木」。第二次則是改置，整個 *Megalaima* 屬移置 *Pslipogon* 屬。

分裂　　　改置

臺灣擬啄木　　　　　臺灣擬啄木

Megalaima nuchalis → *Psilopogon nuchalis*

Megalaima oorti nuchalis

Megalaima oorti faber
Megalaima oorti sini

Megalaima oorti oorti

Megalaima faber → *Psilopogon faber*

Megalaima faber faber　　*Psilopogon faber faber*
Megalaima faber sini　　　*Psilopogon faber sini*

Megalaima oorti → *Psilopogon oorti*

合併前　　　　　　合併後

環頸雉 *Phasianus colchicus*

Phasianus colchicus torquatus
Phasianus colchicus formosanus

環頸雉 *Phasianus colchicus*

Phasianus colchicus torquatus
Phasianus colchicus formosanus

日本綠雉 *Phasianus versicolor*

Phasianus versicolor versicolor
Phasianus versicolor tanensis
Phasianus versicolor robustipes

Phasianus colchicus versicolor
Phasianus colchicus tanensis
Phasianus colchicus robustipes

「合併」合併成一種

把多個資料夾裡的檔案，全部都裝進同一個資料夾中，這就是「合併」：多種小鳥的多個亞種合併為一種小鳥。例如：環頸雉 [※16] 和日本綠雉（*Phasianus versicolor*）所屬的亞種，全部合併為環頸雉（但現在又分開來了呵呵）。

探討鳥類分類變遷沒有很難，只要掌握分類原則，花時間和心力，每個人都可以做得很好（廢話）。如果你對小鳥有感情，想要追根究柢、想要變更強大，超越一般賞鳥鄉民，這是個適合努力的方向。只是追查分類變遷，需要大量閱讀參考資料、鳥類照片、鳥類標本，一整個樸實無華，且枯燥就是。

小鳥變少了？斯文豪：我那時更多

　　當我回顧斯文豪這一百多年前文字與紀錄的同時，我一邊想像 19 世紀時臺灣的聚落與田園風光、一邊嘗試勾勒當時的鳥類相，也一邊試圖理解當時博物學家的生態、演化和生物地理觀點。

「夏季時，會有數千隻的黃鸝成群在福爾摩沙島南部的竹林棲息。」※17

11-1 ｜黃鸝

上面這句是 19 世紀中葉，英國駐臺領事斯文豪先生對當時臺灣島上黃鸝（*Oriolus chinensis*）族群的描述。對現代臺灣 50 歲以上的賞鳥者來說，小時候可能還有那麼一點符合的印象；對再年輕一點的賞鳥者，大概是難以想像的天方夜譚。目前臺灣的環境，要和黃鸝見上一面，可不是那麼容易的事。幾十年前，黃鸝因為外形亮眼且鳴唱聲特別，成為寵物鳥市場的寵兒，也因此面臨過度獵捕的壓力。在短短的幾十年內，黃鸝的族群快速的減少，成為「易危」（Vulnerable, VU）等級的鳥種。

　　斯文豪留下的訊息，讓我們見證了一種鳥類的族群衰退。而那樣的光景，都再也回不來了。

夜鷹：族群衰退又逆勢成長？

「在福爾摩沙的夏季，臺灣府附近的平原上有大量的南亞夜鷹棲息，快踩到時才會驚飛。」[※12]

「春天，我在淡水目睹一大群南亞夜鷹，牠們白天躲在山區的灌木叢下。」[※12]

　　南亞夜鷹（*Caprimulgus affinis*）是另一個有趣的例子。如果沒有斯文豪的這段文字，我們認為大約在 1990 年以前，南亞夜鷹在臺灣是相當罕見的鳥類，主要棲息在布滿礫石淺灘、芒草叢生的河床地或溪床地，要目擊這種小鳥的難度非常高。不過，斯文豪的文字顯然告訴我們，19 世紀的

11-2 | 南亞夜鷹

時候，夜鷹滿地都是，還會不小心踩到。這也告訴我們，臺灣的南亞夜鷹族群在 1860 年至 1990 年之間，可能經歷過一次的族群大衰退，但原因不明。

　　同樣也不知道為什麼，2001 年開始，南亞夜鷹的族群逐漸從河灘地擴張到郊區農村，再擴張到都市裡。現今的仲夏夜晚，甚至早在 2 月下旬開始，臺灣各大都市和郊區農村都能夠聽到夜鷹響亮的鳴叫聲。個人的推測是臺灣的都市人較少在屋頂上活動，尤其各個校園建築物的屋頂，更是鮮少有人上去走動。屋頂容易積水並長些雜草，夜晚的燈光也會吸引昆蟲，意外成為和河床類似的絕佳繁殖環境。

　　然而，夜鷹響亮的鳴叫聲每年也引起不小的抱怨聲浪。因為到了繁殖季的夜裡，牠們會引吭高歌來宣示領域和求

偶，音量通常在 90 分貝到 110 分貝之間，難怪會令許多人受不了。2014 年，屏東科技大學野生動物保育研究所曾試著改造傳統警示燈來設計驅趕器 [※18]，當時的測試確實能讓夜鷹遠離驅趕器，但是否能長期穩定的在都市裡廣泛使用，還很難說。雖然鳥類會與新事物保持距離，但如果習慣後發現沒有太大危害，也就會逐漸失去驅趕的效果。

環頸雉：西北部的族群不見了

「在福爾摩沙平原與低海拔丘陵帶到處都是的環頸雉，乍看和中國的環頸雉一模一樣，唯一明顯的區別在於福爾摩沙環頸雉腹側脇部的紅褐色羽毛顏色很淺。其他特徵則完全相同。」[※12]

11-3 ｜環頸雉

環頸雉為廣泛分布於歐亞大陸的雉科（Phasianidae）鳥類。由於狩獵遊憩、食用及羽毛加工，使環頸雉引進至世界各地，繁殖環頸雉的養殖場也不罕見。然而，因為逸出或其他原因，導致許多地方有外來的環頸雉，智利、澳大利亞、紐西蘭及塔斯馬尼亞島都有環頸雉的外來族群。

臺灣也不例外，雖然臺灣有原生且屬於特有亞種的環頸雉，但是目前因為與外來族群雜交，而可能導致特有環頸雉的特色逐漸消失，這樣的問題稱為基因汙染（genetic pollution）。也因此，臺灣環頸雉的受脅等級目前列為「嚴重瀕危」（Critically Endangered, CR），再加上屬於臺灣特有亞種，使環境雉成為臺灣保育優先次序最高的鳥種[19]。

有趣的是，就斯文豪的敘述，臺灣的平地和低海拔山區遍布環頸雉，而且斯文豪能清楚辨識臺灣的特有族群和其他外來族群。相較之下，目前臺灣的環頸雉主要分布於臺灣西南部、中部大肚山及花東縱谷，西北的族群和 19 世紀相比，似乎就減少許多。

董雞：友善農產品包裝

「在夏季，臺灣府附近的水稻田與溼地，董雞並不罕見，我採集到了標本和蛋。」[12]

董雞（*Gallicrex cinerea*）是在臺灣繁殖的留鳥和夏候鳥，但現在並不容易看到，我自己賞鳥至今 22 年，也還沒

11-4 ｜董雞

目擊過董雞。雖然這有可能是我自己人品和運氣不好的關係，但是和斯文豪的敘述相較，實在是天與地的差別。「並不罕見」的感覺像是現今田裡的彩鷸，雖然不像麻雀那樣到處都是，但也不至於遍尋不著。也許在田間逛逛，偶而就能遇上一隻。

　　董雞數量的大量減少，暗示了臺灣農地環境品質變得比較差，或是面積大幅縮減。1904 年至 2015 年間，臺灣的農地減少了大約 4,000 平方公里，大約是臺灣本島面積的一成；相較之下，建築用地的面積反倒是增加了約 3,600 平方

公里[20]。農地種房子，不是近期才在蘭陽平原發生，而是早已進行了一百多年。這樣的土地利用變化，也或許就讓這些偏好農地、平原草生地的小鳥默默消失了。

幸好，近年開始推動的「生物多樣性友善農業」（biodiversity-friendly agriculture），讓這些住在農田裡的野生小鳥有了喘息的生存空間。宜蘭青農林哲安推出的「新南田董米」[21]，便是以董雞為主角，倡議對環境友善的農業生產模式。

消失中的金絲雀

在科學有紀錄以來，約 190 種小鳥永遠消失；16 世紀

11-5 ｜金絲雀

之後，則有 159 種小鳥跟世界說再見 [※22]。人類已經有幾十年、幾百年，再也沒有見過牠們。而且，這個問題還沒有改善，反而越演越烈。

小鳥活不下去，是很危急的環境警訊。牠們有翅膀，環境變差時大可一走了之。如果連這樣行動能力高超的飛鳥都無路可逃，那就會是嚴重的環境惡化。因此，鳥類的數量多寡、起起伏伏，是環境品質的重要指標。

早年，金絲雀對礦坑內的有害氣體較為敏感，牠急躁的反應，是保護礦工的警訊。「礦坑裡的金絲雀」（canary in coal mine）是比喻「能提早警覺危機來臨」的諺語。現代的礦坑已經由偵測儀器取代金絲雀，但是小鳥的指標功能並未結束，任務範圍則是從礦坑擴展到整個地球。不幸的是，這樣的劣勢尚未轉圜。數據指出，全世界約 1 萬種小鳥之中，有 1,496 種小鳥面臨威脅，同時有 3,967 種小鳥的數量正在明顯減少；近 50 年內，北美洲有 30 億隻小鳥消失。連小鳥都活不下去的環境，人類活得下去嗎？我不是很有信心。

斯文豪筆下的鄉野奇譚

　　在斯文豪的文章裡，不時會穿插一些當地的傳說故事和鄉野奇譚，或是民間信仰。雖然聽起來誇張荒謬，但是斯文豪怎麼會在科學文章裡面寫神怪小說呢？先來一起看看斯文豪描述了哪些民間故事。

比翼雙飛的鳥：琵鷺

　　在中國的傳說中，有一種白色的鳥，眼睛長在頭頂上（並不是說這種鳥很臭屁），而且只有一隻翅膀。因此，這種傳說中的白鳥，如果要飛行，必須兩隻白鳥互相並排、鉤在一起比翼雙飛。這種白鳥是「琵鷺」，中國人認為琵鷺是鳥類中的怪咖，有如傳說般的存在。看到這裡實在是嘖嘖稱奇，難

12-1 ｜ 琵鷺比翼雙飛

道有些琵鷺只有左邊翅膀、有些只有右邊翅膀嗎？如果要飛行，還得事先講好誰和誰搭檔。如果由感情不好的琵鷺互相搭檔，應該會大吵一架而飛不起來。

不只有鳥是如此，魚類也有類似的例子。在中國的自然書籍中，也認為比目魚是眼睛長在頭頂上的魚（這裡依然不是驕傲自大的意思）。而且，朝上的那一側身體已經發育成熟，朝下的那一側身體則還沒完全發育。因此，比目魚要游泳之前，必須要兩條魚相互緊貼在一起，才能成為會游泳的魚。合併在一起的好處不僅如此，身體兩側的四隻眼睛，可以彼此互相注意附近有沒有掠食者，相互照應。

因為有了這樣的傳說故事，在斯文豪取得四隻琵鷺的標本的時候。當地人還特別來請求斯文豪，讓他們看看琵鷺的眼睛是不是真的長在頭頂上。當然，斯文豪馬上就打臉了這種道聽塗說的鄉野奇譚。

「我馬上證明這些不知長進的儒家學者的錯誤觀念。」[23]

至於當時認為黑面琵鷺與白琵鷺屬於相同的物種，直到斯文豪經解剖確認後才分開的故事，且待稍後再說明。

英勇的壁虎大將軍：鉛山壁虎

斯文豪在文章中寫道，臺灣的漢人很尊敬鉛山壁虎（*Gekko japonicus*），原因來自於一個多年前的傳說故事[24]。

有一群叛軍占領高雄鳳山縣，而且勢力已經威脅到臺灣府的安危。為了壓制叛軍，清代皇帝派出一名勇猛的將軍來收拾叛軍。沒想到，壓制叛軍的狀況並不順利，將軍接連出征都吃了敗仗，大將軍的軍隊被叛軍打得落花流水。

12-2｜鉛山壁虎大將軍

有一天晚上，將軍正煩惱該如何逆轉戰局。這個時候，上方傳來了響亮的啾啾聲。原來是一隻鉛山壁虎，而且牠還會開口說話！壁虎問將軍為什麼愁眉苦臉？將軍雖然嚇了一跳，但也馬上冷靜下來想一想，他覺得可能是有善良的神靈附身在這隻小壁虎上頭，想要來幫助他。於是，將軍便向小壁虎說明了事情的經過，以及目前戰爭的局勢。壁虎聽了之後，想到了一個好主意，便悄悄的在將軍的耳邊說道：「把我身上的黏液拿去敵方的軍糧裡下毒，黏液會讓糧食很快的發臭腐敗。糧食不足的軍隊是很難打勝仗的，只要削弱敵軍的物資和後援之後，將軍再一舉攻破叛軍。」

將軍點了點頭，覺得這個主意不錯。於是答應壁虎，如果打了勝仗，就會向皇帝請求表彰壁虎的功績。隔天早上，

壁虎便率領眾多壁虎同伴前往鳳山縣的敵營，在叛軍的糧食裡面用黏液下毒。過了幾天之後，叛軍的士兵果然接連死去，戰力大幅耗損。於是，將軍馬上大舉進攻，給叛軍致命的重擊，最後凱旋奪勝。

鉛山壁虎聚集在牆上，叫得比以往還要大聲，彷彿在慶賀勝利。將軍也信守諾言，請皇帝獎賞這些英勇的壁虎。於是，皇帝授予臺灣所有的壁虎將軍職位，並受到所有人的尊敬與愛戴。壁虎們開心的合唱，高聲受賞。

此後，臺灣島上的居民，家家戶戶都有壁虎將軍的身影，幫忙收拾影響居家安寧和農作物的害蟲，就像當初收拾叛軍一樣。而且，每當打雷的時候，雷聲會讓壁虎將軍想起戰場上雷霆萬鈞的聲響，以及祖先的英勇事蹟，壁虎們就跟著雷聲高歌鳴唱。

友善海龜的漢人：綠蠵龜和革龜

斯文豪注意到[※25]，臺灣和中國海域，以及臺灣海峽，有綠蠵龜（*Chelonia mydas*）和革龜（*Dermochelys coriacea*）棲息，但是卻很少看到漢人捕捉上岸。1859 年 10 月，有一隻海龜擱淺在廈門的海灘上，斯文豪想要向漁民買下來收藏，沒想到卻吃了個閉門羹，怎麼樣都無法說服漁民將海龜賣給他。原來，中國沿海的漁民認為，海龜擱淺表示即將有大災難來臨，為了避免禍害發生，必須將海龜救起來放回大海。

而且，當地的商人願意花錢向漁民買海龜來放生，漁民同樣可以獲利。中國商人買下海龜之後，會用紅色緞帶裝飾海龜，並且在龜甲上寫下「永遠自由」，接著用小船將海龜載到港口外海野放。他們說，海龜身上的文字和裝飾，讓牠們下次在不幸擱淺時，可以避免遭到不人道的對待。

12-3 ｜光榮返鄉的海龜

中國史料的缺點：語多怪力亂神

斯文豪在認識臺灣的野生動植物的同時，也回顧了清朝廷官員所著作的相關文獻，不過斯文豪看起來不甚滿意。

「伯勞，食母之鳥，名不孝鳥。」《臺灣府志》
「白蟻聞竹雞之聲化為水」《續博物志》
「鵂鶹：子成，父母俱遭其食，不孝鳥也。」《諸羅縣志》
「鵂鶹：能拾人爪甲以為凶，好與嬰兒為祟，能入人屋收魂氣。」《臺灣縣志》
「火雞毛黑，毲毲下垂，高二、三尺，能食火炭。」《臺灣通志》

不曉得斯文豪讀到這些文字，是深深的嘆一口氣，還是當作好笑有趣的故事來看待。無論如何，都能肯定斯文豪能從這些文獻中找到臺灣野生動物的知識相當有限。斯文豪嘗試努力翻譯這些典籍，但感覺力不從心。斯文豪認為，中文典籍對於臺灣野生物的描述相當匱乏，資訊過於簡短不全。有時候完全不知道作者到底在描述哪一種動物。換句話說，斯文豪認為這些文獻的作者，根本沒有好好的去觀察臺灣的野生動物，僅僅是抄襲過去相關的典籍，或者資訊只是道聽塗說而來。

不過，也是有不錯的例子。

1698 年，清朝廷官員郁永河完成《裨海紀遊》一書，裡面提到臺灣的梅花鹿和鹿角：

「鹿以角紀年，凡角一岐為一年，猶馬之紀歲以齒也。番人世世射鹿為生，未見七岐以上者。向謂鹿仙獸多壽，又謂五百歲而白、千歲而元，特妄言耳。竹塹番射得小鹿，通體純白，角才兩岐。」

這段文字的大意是，鹿角會隨著年齡增長，分叉一次代表一歲，就像用牙齒來判斷馬的年齡。臺灣的原住民會獵鹿，但沒有人見過七個叉的鹿角。傳說鹿代表長壽，500 歲的鹿是白色的、1000 歲的鹿是黑色的。但這只是傳說而已，因為新竹的原住民曾經抓到一隻白色的鹿，鹿角只有兩叉。

斯文豪認為這段話是值得一提的敘述，也特別將這段文字翻譯為英文，寫進著作當中。

這些故事不僅成為當時科學論文中，引人注目且印象深刻的元素，同時也凸顯了當時科學寫作自由開放的行文風格。畢竟，當時的人類還在努力的認識這個世界，盡力以文字描述自然現象與當地的人文風土民情，才是最重要的。

斯文豪的臺灣產業觀察：樟腦與蓆草紙

英國政府的駐外領事和外交人員，也是國際貿易的重要聯絡人，肩負著觀察當地各項產業的發展及潛力。斯文豪也不例外，對於價值潛力高的商品在東亞各國之間的貿易狀況，也需要仔細評估進口到歐洲的潛力及價值。這裡介紹斯文豪提及的兩項產業：樟腦和蓆草紙。

臺灣的樟樹又大又肥

前面提到的斯文豪從香山之行[※8]，他從新竹香山港訪查到位於現今苗栗中港（現今苗栗竹南鎮一帶）。當時中港又稱「腦港」（Lo-Kong），是輸出樟腦的港口之一，從港口名稱就能得知樟腦在臺灣產業的重要性。斯文豪發現周邊居民所使用的建築小屋、桌子和櫥櫃等家具也是樟樹的木材製成，聚落裡面也有樟樹的木材行。不僅如此，斯文豪甚至想要走訪附近的樟樹林，但是地方的商人拜託他不要前往。因為樟樹林附近的山區相當危險，如果讓外國人受傷甚至遇害，官府可是會怪罪下來的，而且商人與外國人私下往來的事情也會曝光。這裡可以看出來，斯文豪此行可能不是一個公開行程，而是有點私密的行動。

19 世紀期間，樟腦、茶葉、蔗糖是臺灣的三大出口商品。其中，樟腦來自臺灣平地和淺山大面積的樟樹森林，和日本並稱東亞供應樟腦的主要來源。日治時期，臺灣甚至是享譽國際的樟腦王國，淡水周邊地區每年約生產 6,000 擔（一擔約 60 公斤）的樟腦。斯文豪在香山遊記裡不時提到樟腦和樟樹，都顯示斯文豪來臺灣考察樟腦產業的目的。

雖然樟樹不是只有臺灣才有的特有樹種，但是臺灣的樟樹很肥啊！

樟樹（*Cinnamomum camphora*）是廣泛分布於臺灣平地及低海拔山區的優勢樹種。樟樹最明顯的特徵是樹幹上有一

13-1 ｜樟樹

格一格的紋理，葉片上有三條主要明顯的葉脈。到了現代，樟樹也是重要的行道樹和校園、公園的栽培樹種。無論臺灣平地的農村或都市環境，都很適合栽種樟樹。只要生長的空間夠大，樟樹就能發展出遼闊的樹冠，適合遮蔭休憩。南投集集和臺東武陵的綠色隧道，便是以樟樹為主角。

整棵樟樹從樹幹到開花，都會散發出一股淡淡的香味，這便是歷史上各國爭相搶購的化學物質：樟腦。樟腦是一種萜類化合物（terpene），早期主要用於製作藥品和軍火的火藥，是相當重要的國防資產。樟樹的木材也能用於家具、建築，甚至拿來造船，十分有助於提升國防實力。雖然樟樹在中國華中、華南還有日本及中南半島都有分布，並非臺灣特有的樹種，不過由於樹齡越高、樹幹越粗大的樟樹，所含的樟腦比例越高，而當時中國的老熟樟樹都被開採得差不多了，許多外國人便將目光轉往在中國對岸的臺灣島，那裡可還有許多樹齡千百年的老樟樹，像是南投縣信義鄉神木村的「樟樹神木」。

清帝國管理臺灣的時候，將樟腦列為政府專賣品，砍伐樟樹都要經過許可或申報。因此，斯文豪此行有些神祕，可能是悄悄觀察臺灣樟腦產業現況。不過，由於樟腦的利潤龐大，外國人怎麼可能放棄樟腦這一大塊金雞母。

臺灣的狀況又不僅如此，依據斯文豪的描述，臺灣的樟腦生產長久以來被地方官員壟斷（當時生產成本 6 美元），私下賣給當地富豪（16 美元）走私到中國，再接著一路賣

到香港（28 美元）和印度加爾各答。加爾各答對樟腦的需求量相當大，主要用來潤滑皮膚[※26]。

　　然而，當時臺灣山區滿地都是巨大樟樹，大多掌握在原住民手裡，當時的漢墾民只能採用平地附近的樟樹，或是送禮給原住民取得開採權。

　　斯文豪的文字記載：樟樹最好的部位會做成木材，剩餘的切成木片，再以蒸餾的方式製作樟腦。木片會先在鐵鍋中煮沸，再將另一個鐵鍋倒置蓋上，最後樟腦會在鍋蓋上凝固。接著將樟腦裝進大桶裡，大桶底部有排氣孔，滲出的油就是樟腦油，中醫會用來治療風濕病。

　　十年後的 1868 年，英國人在臺中梧棲港走私樟腦被清朝廷官員查緝，引發雙方不滿，清帝國與英國彼此的衝突越演越烈。清朝廷認為英國人違反樟腦專賣制度，而英國不爽清帝國違反天津條約。同年，一艘將樟腦由打狗運送至安平的英國商船，遭到清朝廷官員查緝，不僅英國商人被毆打、樟腦也被沒收。最後，英國軍隊砲轟臺灣安平港，引發了「樟腦戰爭」，清軍完全招架不住而重啟談判。最後，清帝國與英國簽訂「樟腦條約」，廢除了清帝國的樟腦專賣制度。

蓪草：百年的永續造紙技術

　　蓪草（*Tetrapanax papyriferus*）又名通脫木或大葉五加皮，是一種具有大型葉片的低矮灌木，廣泛分布於臺灣中低海拔山

區。斯文豪認為蓮草外觀很像生產蓖麻油的蓖麻（*Riciuns communis*），當時也普遍認為蓮草只分布於臺灣北部[※27]。

蓮草的生長速度快，樹幹一年可以長到最粗，枝幹內部有特殊的細胞組織「髓心」。當時的漢人有時候會用以物易物的方式，和原住民交換蓮草的樹幹和枝條。取出髓心之後，會塞進空心的竹筒內乾燥，形成需要大小的髓心塊。

蓮草紙是用特殊的草刀削出來的薄片，就像削鉛筆那樣，但是需要技術非常高超的造紙師傅，才能削出像紙一樣的薄片。師傅削紙前，會將草刀用一塊楠木類木材製成的霍刀石磨利。削髓心時，底下需要一個土磚塊，墊上兩條黃銅片，讓髓心和草刀在黃銅片上滑動。接著，師傅一手滾動髓心，一手穩住刀片，就可以削下薄博的蓮草紙。剩餘的髓心還可以作為藥材使用。造紙用的薄片會疊在一起重壓。造好的蓮草紙，經染色後可製作人造花，作為各種頭飾或裝飾。

斯文豪說，他們也有親手做做看蓮草紙，不過完全比不上師傅和學徒，一點紙也削不出來，只是在製造紙屑。

現今的新竹縣五峰鄉花園村，過去曾經是蓮草產業盛行的熱點，不過隨著人造花和造紙技術發展而逐漸式微。雖然如此，現在當地仍有造紙師傅努力將這個傳統技術保留下來，並且發揚光大。在五峰鄉的花園國小，以及清華大學的竹師教育學院中，還保有使用蓮草紙製作人造花的藝術課程。有機會不妨試試看，看看自己是否能削出漂亮的蓮草

13-2 ｜蓪草與莖內部的髓

紙，還是和斯文豪一樣，只是在製造紙屑？幸好，這些紙屑
不是垃圾，本來就來自蓪草，可以直接回歸山林，是完全永
續的天然材料。

斯文豪的臺灣野生動物菜單

斯文豪是一位觀察細心、工作嚴謹的博物學家，對於相似生物之間的比較，更是鉅細靡遺的描述，並且清楚呈現所有的測量值。測量生物的身高體重、各部位的長度等數值，如此的工作稱為「形質測量」，為的是要探討生物演化、生理和行為。在斯文豪那個年代，還沒有遺傳學的觀念，幾乎只能用外觀作為鑑定物種的依據。這樣的概念，稱為「形態種概念」（morphological species concept）：長得不一樣的，就是不同的物種。因此，當時的博物學家，更是講究生物的外觀形態，不僅外觀的形質測量相當重要，就連內臟的尺寸大小，斯文豪也不放過。

然後，斯文豪有時候就……乾脆煮來吃！

有一天，斯文豪的朋友提供兩對琵鷺幼鳥的標本，其中兩隻在 3 月 7 日在淡水港被射殺，另外兩隻則是在 3 月 17 日在淡水港被獵殺捕獲。

起初，因為測量了 3 月 7 日獲得的兩件琵鷺標本後，斯文豪認為當時《日本動物誌》（Fauna Japonica）描述的白琵鷺（*Platalea leucorodia*）與黑面琵鷺（*Platalea minor*）根本就屬於同一種鳥，覺得自己解開了一個科

白琵鷺（上）與黑面琵鷺（下）

學界的謎團。然而,斯文豪的開心並沒有持續多久,短短的十天後,有人又送來了一對琵鷺幼鳥。這下一看不得了,第一對的雌鳥比雄鳥大,但是第二對的雌鳥卻比雄鳥小,這顯然有問題。最後,斯文豪小心翼翼的測量四隻琵鷺的外觀和內臟,並且與《日本動物誌》中記載的測量值比較,確認白琵鷺與黑面琵鷺分別屬於兩種不同的鳥。

黑面琵鷺是東亞特有種,夏天在朝鮮半島繁殖,冬天遷徙至臺灣和中南半島等地度冬;而白琵鷺廣泛分布於歐亞大陸溫帶地區至亞熱帶地區,冬天往南遷徙,甚至會到非洲紅海沿岸。

黑面琵鷺和白琵鷺的外觀差異,主要在於黑面琵鷺的臉部裸皮面積較大,白琵鷺則幾乎沒有。此外,白琵鷺的體型有時可以達 90 公分,而黑面琵鷺最大僅有約 80 公分。雖然如此,但兩者在體型上還有許多重疊之處。由於兩種琵鷺都會在臺灣度冬,雖然白琵鷺的數量較少,但還是有機會可以在臺灣的同一處溼地同時見到兩種琵鷺一起活動,例如:臺北關渡平原和小金門的陵水湖。

誰知道,斯文豪天外飛來一筆:

「這種琵鷺的肉非常美味」[※23]

不會吧,測量和解剖的時候,斯文豪竟然順便把琵

臺灣竹雞（上）與灰胸竹雞（下）

鷺肉吃下去了嗎？雖然不知道有沒有煮過，但我合理相信斯文豪一定親口嚐過後，才有辦法寫出這樣的文字。

對臺灣來說，斯文豪在鳥類學最重要的著作，就是臺灣第一份鳥類名錄《福爾摩沙鳥類誌》（或稱臺灣鳥類誌）[※12]，共包含 201 種鳥類。其中，標號第 115 號的鳥類是臺灣竹雞。

斯文豪在許多文章中都提過臺灣竹雞，當時在臺灣的低海拔山區相當常見，而且嘹亮的叫聲「雞狗乖」非常容易辨認。而且，經過斯文豪充分的觀察經驗和鉅細靡遺的描述，英國皇家科學學會院士約翰·古爾德（John Gould），同意將臺灣的竹雞和中國福建的灰胸竹雞（*Bambusicola thoracicus*），認定不同的物種，甚至分別歸類於不同的屬（當時灰胸竹雞的屬名為 *Perdix*）。

1861 年 8 月 16 日，斯文豪收到了一對臺灣竹雞幼鳥，在他所寫的文件中描述兩隻幼鳥發出了像家禽般的鳴叫聲。看到這裡便能發現這兩隻竹雞在交給斯文豪時還活著。斯文豪描述外觀特徵之後，又突然來一句：

「牠們的肉又甜又嫩。」[※12]

咦，又偷吃了一口嗎，斯文豪先生？

這樣的舉動好像沒什麼不對，當時臺灣竹雞本來就是市場上的常客，漢人也會設陷阱誘捕臺灣竹雞。不

過，吃一口琵鷺肉就不敢說了，也許是因為新奇而試試看吧。然而，斯文豪也不是所有的野味都照單全收吞下肚，像是他如此描述黑鳶（*Milvus migrans*）：

「黑鳶是非常骯髒的愛吃鬼，總是散發噁心的氣味，而且身上爬滿蝨子。因此對任何有正常感官的正常人，黑鳶是令人敬而遠之的鳥。」[※12]

黑鳶

· 第 3 部 ·

斯文豪的遺緒

斯文豪的遺憾：臺灣高山

「啟程航行之後，我們行經一系列高聳入雲的美麗山脈，蓊鬱的森林綿延到山峰。有時只能看見高山峰頂，但是當雲霧散開，其山脈的稜線輪廓會變得越來越鮮明。」[※28]

19 世紀的臺灣島，還藏有豐富的自然資源，同時也是世界列強覬覦的兵家必爭之地。然而，即使從 16 世紀開始，荷蘭、西班牙、鄭氏王朝、清帝國和英國等國家，陸續管理、造訪臺灣島，也有大量的漢人移民到臺灣定居，讓各國大致熟知臺灣的整體環境狀況。不過，臺灣島上從南到北綿延的高山，仍舊是難以深入的未竟之地。

遙不可及的臺灣高山

即便南京條約和天津條約開放了臺灣的重要港口通商，但多數外國人也只能在沿海附近的平地活動。雖然偶而可以靠近山區森林，但如果要深入高山森林，那可不是開玩笑。因為，臺灣山高水急、危機四伏，夏季又容易有突如其來的雷陣雨、再加上歐洲人陌生的颱風和地震，貿然挺進當時的臺灣高山可不是開玩笑的。

原住民是當時漢墾民和洋人接觸臺灣高山森林的管道，雖然當時清朝廷對原住民的管理消極，保持井水不犯河水的關係。不過，山地原住民確實也需要漢墾民和洋人帶來的生活日常用品和各種食材，因此，在臺灣各地都有山地原住民和漢墾民之間以物易物，甚至小規模的貿易關係。例如：山地原住民提供山上開採下來的樟樹，作為樟腦和木材的原料，或是各種獵捕的野生動物；而中國人也會提供茶葉和瓷器等物品給山地原住民。

「由皚皚白雪覆蓋的高山和樟樹林，肯定蘊藏著很多科學上未知的物種。然而，除非獲朝廷批准，不然不可能探索這片荒野。就算獲得許可，面對凶狠的原住民，登上這些美麗的高山，必須冒著生命危險。」[29]

即便如此，進入山區森林，隨時有可能被原住民殺害砍頭的風險太高了，導致外界很晚才比較認識臺灣的山區森林。斯文豪也不例外，除了相關條約本來就僅限外國人在通商口岸附近活動，即使管理較為鬆散，也頂多在海邊走走散步。雖然斯文豪最遠曾經旅行到離海岸約 40 英里（約 65 公里）。這個距離，以淡水港來看，可抵達烏來福山村；以臺中港來看，可抵達南投霧社；以打狗港來看，可抵達高雄茂林，這個距離已經能讓斯文豪造訪臺灣的中海拔山區了，並且還可以難能可貴的安全下莊，能活著回家真是祖上積德、三生有幸。有一次斯文豪雖然規劃了臺灣的高山旅行，但因為臨時公務和健康狀況不佳而作罷，可能是斯文豪在臺灣沒

能實現的遺憾之一。畢竟，除了從事自然生態研究，光是單純的自然觀察，看到高山上截然不同的野生動物，就足夠讓人心胸舒爽。可惜如此身心嚮往的想望，對當時的斯文豪處境而言，卻是這麼遙不可及。

無法親自出馬？那就叫外送吧！

斯文豪是個勤勞且熱情的自然觀察者，他在臺灣期間所觀察的鳥類，包含發表於英國皇家學會刊物 *Ibis* 的 201 種，以及日後陸續增補的鳥類，共計有 226 種。如果你沒有在臺灣長期賞鳥並確實記錄「生涯鳥種數」（lifer，這輩子看過的鳥種數目）的經驗，那我來解釋一下這 226 種紀錄有多驚人。以一位賞鳥初學者來說，在臺灣賞鳥，一開始的生涯鳥種數會快速爬升，到了大約 200 種之後，增加的速度就會大幅減緩。也就是說，此時此刻，大多數的普遍鳥種，你都看得差不多了；想要再增加鳥種數，就得去追尋那些不那麼常見、甚至稀少罕見的小鳥。因此，斯文豪光是在臺灣的沿海平地紀錄，就可以達到 226 種這個數字，是非常不容易的成績。

斯文豪在臺灣的日子，不時仰望著臺灣的高山，以及山頭上的白雪。因為，觀察經驗豐富的斯文豪，深知臺灣的高山肯定是另外一片天地。為了探索臺灣高山，斯文豪不惜砸下重本，雇用了許多獵人和標本師，將山區的野生動物帶回來。有時需要活捉、有時需要立刻做成標本，甚至鳥類的巢

和蛋，也是斯文豪的採集目標。例如：花翅山椒鳥（*Coracina macei*）、虎斑地鶇（*Zoothera dauma*）、臺灣白喉噪眉（*Pterorhinus ruficeps*）和白環鸚嘴鵯（*Spizixos semitorques*），都是透過獵人在山區採集所獲得的標本。

雖然有職業獵人入山加持，但是斯文豪對山區的鳥類狀況的了解仍相當有限。斯文豪曾經自豪的寫道，就他目前對於臺灣沿海及平地鳥類狀況的了解，已經是相當完整，而且是非常重要的鳥類學研究里程碑。可惜，那些遙不可及的高山，肯定還有許多未知的鳥類及其他野生動物。

鳥類的海拔分布大不同

有趣的是，在斯文豪對於臺灣鳥類描述的字裡行間，我似乎嗅到一點不太對勁的地方。那就是鳥類的海拔分布。例如：斯文豪介紹小卷尾（*Dicrurus aeneus*）的時候，提到他從來沒有在野外看過小卷尾。他說，小卷尾分布在中央山脈的森林中，或是那些只有山地原住民頻繁活動的地區。他的小卷尾標本是獵人帶回來的，這些獵人說小卷尾會在樹梢上活動，看到昆蟲或獵物時就會飛快的飛行捕捉。此外，包括臺灣紫嘯鶇（*Myophonus insularis*）及樹鵲（*Dendrocitta formosae*），斯文豪都提到這些是山區森林才能看到的鳥類。而臺灣白喉噪眉（*Pterorhinus ruficeps*）和大彎嘴畫眉（*Erythrogenys erythrocnemis*），也是同樣狀況，這兩種鳥很少到臺灣低海拔環境活動，斯文豪也說從沒看過活生生的臺灣白喉噪眉。

　　這說起來就奇怪了，就現代的觀察經驗來說，小卷尾、大彎嘴畫眉、臺灣紫嘯鶇和樹鵲應該不難在低海拔環境看到。就算是不容易觀察的臺灣白喉噪眉，也是有到臺灣低海拔環境活動的紀錄（我自己就曾在翡翠水庫目擊過）。因此，對於斯文豪的描述，我心想會不會這些小鳥在19世紀的時候，海拔分布比現在的狀況還要來得高一些，以至於斯文豪幾乎沒有觀察的機會。然而，現代這些鳥類又為什麼那麼容易在低海拔觀察，會不會跟氣候變遷和全球暖化有關，或者是其他原因所致呢？這目前還沒有答案，或許是個值得深入探討的議題。

　　斯文豪離開臺灣後不久，便因為生病退休回到英國定居休養。然而，後人採集的東亞鳥類，還是非常仰賴斯文豪的鑑定能力。1877年，史提瑞（Joseph Beal Steere）寄了一件

14-1 ｜ 美國鳥類學家史提瑞帶來了黃胸藪眉的標本

標本給斯文豪，是一隻非常漂亮的小鳥，帶著金黃色的羽衣，是斯文豪沒有看過的美麗小鳥。他知道這隻小鳥來自於他思思念念、身心嚮往的臺灣高山。斯文豪一邊想念臺灣，一邊為這隻美麗的新種命名，那就是黃胸藪眉（*Liocichla steerii*）。這是臺灣的第六種特有種鳥類，也是斯文豪為臺灣命名的最後一種小鳥。不久後，斯文豪因病與世長辭，此時他才 41 歲。

逛菜市場的博物學家

　　斯文豪走訪臺灣島，已經是鴉片戰爭以後的事了。此時的清帝國，繼廣州之後，依照南京條約開放上海、福州、廈門、寧波等五個港口通商。不久之後的天津條約也增開臺灣、瓊州兩處通商口岸，這就是斯文豪駐臺的原因。雖然清朝廷開放通商口岸，但是外國人也只能在港口周邊地區活動，不能深入內陸山區森林。

　　對熱衷自然觀察的斯文豪來說，港口及周邊地區棲息的生物，包括丘陵地、平原及海岸，都是斯文豪從事自然觀察和採集野生動植物標本的場域。不過，光是用眼睛觀察是遠遠不夠的，斯文豪還必須運用各種方式來蒐集野生動物。

慘了，出門沒帶槍！

　　最單純的方式，就是自行採集。斯文豪在臺灣時，常常以獵槍或其他方式直接獵捕野生動物，像是下毒餌或設置陷阱等。尤其這些野生動物都是要製作標本用的，採集時要盡可能維持屍體外觀完善，避免嚴重的破損。例如：斯文豪曾經雇用獵人設置陷阱來捕捉臺灣竹雞，而且還能將一隻竹雞

關在陷阱中啼叫，吸引其他竹雞前來落入陷阱[※12]。

　　另外，還有一次在基隆山區，斯文豪嘗試採集狐蝠和葉鼻蝠的標本，沒想到自己卻忘了帶槍！這種扼腕的程度就像現代自然觀察家出門忘了帶相機，結果各種稀有罕見的動物紛紛出籠一樣。斯文豪嘗試用棍子將狐蝠打下來，結果卻沒打中。他只能發牢騷抱怨，漢族獵人非常不會抓蝙蝠，很少帶蝙蝠的標本回來[※30]。

　　雖然是 19 世紀，槍枝管制不如現代嚴格，但斯文豪也不是隨時想開槍就能開槍。例如：斯文豪在獵捕夜鷺的時候，就曾經被當地居民阻止。當地居民稱夜鷺為「暗光鳥仔」（在斯文豪的紀錄文字中拼作：Am-kong cheow），認為夜鷺與惡靈有一定程度的交情與關係，所以堅信招惹這種鳥會受到惡靈的報復，所以會刻意保護夜鷺。斯文豪提到，這樣的迷信在臺灣府這樣比較大規模的城鎮已經相當少見，甚至會受到嘲笑，所以開槍獵捕夜鷺沒有太大的問題。不過，斯文豪在淡水想要獵捕夜鷺時，沒想到附近居民蜂擁而上求情，拜託他不要射殺夜鷺，以免受到惡靈的報復。[※12]

賣青蛙的小女孩

　　「咚咚咚！」急促的敲門聲驚擾了坐在桌前專心處理文件、比對標本的斯文豪。他起身開門，低頭一看，原來是住在附近農村的臺灣小女孩。小女孩拎著一個麻袋，麻袋裡似

乎有什麼東西在扭動。斯文豪笑了笑，給了小女孩幾枚銅錢，接過那個扭來扭去的麻袋，便回到桌前振筆疾書。

斯文豪運用英國皇家學會提供的經費購買各種野生動物，無論是活體或屍體，斯文豪都會盡量和物主交涉購買。就如同前面所提到的，斯文豪會聘僱獵人到山區狩獵，採集野生動物。有些時候，獵人會向斯文豪兜售獵物。久而久之，一傳十、十傳百，港口附近的居民都知道這裡有一位洋人，願意花錢購買各種動物，無論是活體或屍體都可以。

除此之外，斯文豪在臺灣的朋友，無論是歐洲商人或是漢人官員，也都會贈送捕獲的野生動物給斯文豪。不過，天下沒有白吃的午餐，有些人希望斯文豪幫忙用自己的名字作為這個物種的學名（都還沒確認是不是新物種啊）；有些人雖然贈送標本，但希望斯文豪把特定器官留給他。當然，也有許多是因為不會養、不會鑑定，所以請斯文豪先生幫忙。無論如何，只要誰手上有什麼奇怪的動物，交給領事大人就對了！

因此，不只是獵人、當地居民、原住民會將獵物販售給斯文豪，甚至連孩童都會主動捕捉一些小動物給斯文豪，如蛙類、龜鱉、蜥蜴、昆蟲等。有趣的是，當時多數的臺灣百姓與外國人的互動不深，更別說學習外國語言。如果不是斯文豪本身早已學會中文，並且積極記錄他在各地聽過的語言，包括閩南語、馬來語等，要促成這些交易可能還沒這麼容易。若非如此，一般人民如何和外國官員操著不同的語

言、比手畫腳的打交道，來描述他們的自然觀察、捕捉到的生物，以及如何談妥交易條件，會是個非常有趣的題材。目前對這部分的探討還不多，期望未來有人願意深入研究、抽絲剝繭了解當地居民如何和各式各樣來自歐美及日本的博物學家互動。

逛菜市場的博物學家

為了方便貿易，港口附近都會有可立即做買賣的市場和市集，千奇百怪、琳瑯滿目的物品和生物都有。這些港邊市場，不僅成為斯文豪了解中國華南，甚至東亞地區野生動物組成的重要管道，也是取得標本的重要來源。尤其各種大型雁鴨科鳥類，時常是市場上待價而沽的新鮮肉品。就斯文豪的紀錄和描述，黃嘴天鵝（*Cygnus cygnus*）、小天鵝（*Cygnus columbianus*）、鴻雁（*Anser cygnoides*）、白額雁（*Anser albifrons*）、赤膀鴨（*Mareca strepera*）和史氏海番鴨（*Melanitta stejnegeri*）都是從上海的市場中買到。

尤其提到史氏海番鴨時，斯文豪特別強調「在上海的市場非常普遍」或是「在天津的市場購得」，說不定當時還有大量的史氏海番鴨群在中國長江口度冬。但如果現在翻開全球 eBird 賞鳥紀錄資料庫（https://ebird.org/home），截至 2023 年 5 月底僅累積 1,951 筆紀錄。雖然中國長江出海口附近外海，仍然可以發現史氏海番鴨，但每一筆都不超過 10 隻；而中國最南端的紀錄，也僅止於溫州市外海。臺灣和離

島的金門、馬祖要發現史氏海番鴨，可能還相當困難，或是還需要等上好一段時間。

　　有趣的是，這些市場所陳列的野生動物，不全然是預備做成料理卻碰巧被博物學家攔下的食材。有些屍體和標本，似乎就是等著各地的探險家、蒐藏家和博物學家，來出個好價錢。當時的博物學發展逐漸蓬勃，人類的發現生物大冒險才正要大步邁進。世界各地的珍禽異獸，都是待價而沽的珍貴商品。

　　如果你也想當個逛市場的博物學家，不妨到漁港走走逛逛，翻翻都在一旁沒人要的下雜魚，也許裡面會有從未有人發現的珍稀物種！

以斯文豪為名

　　斯文豪是第一個在臺灣認真記錄各種野生動物和植物的博物學家。由於當時斯文豪只能在海濱和平地活動，目前絕大多數的低海拔常見鳥類，都是由斯文豪發現的新物種或新紀錄種。斯文豪會將採集的標本，寄回英國皇家學會的鳥類學家約翰・古爾德（John Gould）做確認和命名。對於生物的特徵、分布、行為、發現者等都會有所考慮，自然有許多野生生物的學名中，種小名或亞種名以斯文豪的姓氏來命

16-1 ｜ 臺灣藍鵲

名。舉例來說，最具代表性的藍腹鷴是斯文豪所發現的臺灣特有種雉雞，也以斯文豪命名。而同樣是特有種的臺灣藍鵲，則是由斯文豪發現、採集，寄回英國由古爾德命名。除了臺灣藍鵲、五色鳥、大彎嘴畫眉、臺灣竹雞、紅嘴黑鵯（*Hypsipetes leucocephalus*）等（下略數百種），也是如此。

從學名找尋斯文豪

一個物種（species）的學名中，主要由兩個字組成，前者是屬名，首字母需大寫；後者是種小名，首字母不需大寫。學名應用斜體來標示，例如：藍腹鷴的學名是 *Lophura swinhoii*，「*Lophura*」是屬名、「*swinhoii*」是種小名。另外，如果要表示一個亞種（subspecies）的時候，就會再加上第三個字作為「亞種名」。

Lophura swinhoii
屬名　種小名

Euploea sylvester swinhoei
屬名　種小名　亞種名

16-2 ｜ 藍腹鷴與斯氏紫斑蝶的學名

不過，斯文豪在臺灣發現數百種新物種，但學名中以斯文豪為名的生物並不多。在中央研究院的資料庫「臺灣物種名錄」（Catalogue of Life in Taiwan；https://taicol.tw）中，用斯文豪英文姓氏部分字母「swinho」作為關鍵字來查詢，並取消勾選同物異名，可以找到 34 種生物。而且涉及的生物類尋非常廣，從脊椎動物、植物、真菌和無脊椎動物都有。

而在右頁這張表中，可以看到以 swinho 為字根，變形成 *swinhoei*、*swinhoana*、*swinhoeella*、*swinhonis*、*swinhoii* 等不同形式的拼法，這只是拉丁學名的陰性、陽性和中性的拼法差異。會有這樣的拚法差異，是因為種小名的陰陽性，必須和屬名的陰陽性吻合。

至於哪裡可以找到這些冠名斯文豪的生物呢？不妨到蒐羅各方開放資料的「臺灣生物多樣性網絡」（Taiwan Biodiversity Network, TBN; https://www.tbn.org.tw/）找一找！這個資料庫可以清楚的告訴你，臺灣的自然觀察愛好者和生態研究者，曾經在臺灣的那些地方發現過這些生物。

此外，有一種小鳥雖然學名中沒有斯文豪的相關字眼，但是中文和英文俗名都有，就是臺灣常見的「斯氏繡眼」！也可以稱之為「綠繡眼」，英文名為 Swinhoe's White-eye，學名 *Zosterops simplex*。這大概是除了麻雀以外，一般臺灣人最熟悉的鳥種之一了！

學名或英文俗名冠名斯文豪的物種

類別	科名	學名	俗名
植物	苦苣苔科	*Paraboea swinhoei*	錐序蛛毛苣苔
植物	薔薇科	*Rubus swinhoei kawakamii*	桑葉懸鉤子
植物	薔薇科	*Rubus swinhoei swinhoei*	斯氏懸鉤子
植物	清風藤科	*Sabia swinhoei*	臺灣清風藤
蛙類	赤蛙科	*Odorrana swinhoana*	斯文豪氏赤蛙
昆蟲	扁蚜科	*Astegopteryx swinhoei*	蘇氏癭蚜
昆蟲	金花蟲科	*Cryptocephalus swinhoei*	斯文豪筒金花蟲
昆蟲	蛺蝶科	*Euploea sylvester swinhoei*	斯氏紫斑蝶
昆蟲	尺蛾科	*Idaea swinhoei*	（暫無中文俗名）
昆蟲	鍬形蟲科	*Lucanus swinhoei*	姬深山鍬形蟲
昆蟲	鍬形蟲科	*Neolucanus swinhoei*	紅圓翅鍬形蟲
昆蟲	天牛科	*Paraglenea swinhoei*	黑紋蒼藍天牛（斯文豪氏天牛）
昆蟲	蛺蝶科	*Parantica swinhoei*	斯氏絹斑蝶
昆蟲	螟蛾科	*Ptyomaxia swinhoeella*	（暫無中文俗名）
爬行類	飛蜥科	*Diploderma swinhonis*	斯文豪氏攀蜥
爬行類	黃頷蛇科	*Rhabdophis swinhonis*	斯文豪氏游蛇
爬行類	蝙蝠蛇科	*Sinomicrurus swinhoei*	環紋赤蛇
真菌	地位未定	*Uredo rubi-swinhoei*	懸鉤子羽夏孢銹菌
哺乳類	牛科	*Capricornis swinhoei*	臺灣野山羊
哺乳類	鹿科	*Rusa unicolor swinhoii*	臺灣水鹿
鳥類	梅花雀科	*Lonchura striata swinhoei*	白腰文鳥
鳥類	雉科	*Lophura swinhoii*	藍腹鷴
海綿	蒂殼海綿科	*Theonella swinhoei*	斯文豪蒂殼海綿
蝸牛	山蝸牛科	*Dioryx swinhoei*	斯文豪帶管蝸牛
蝸牛	扁蝸牛科	*Dolicheulota swinhoei*	斯文豪長蝸牛
蝸牛	扭蝸牛科	*Elma swinhoei*	草包蝸牛
蝸牛	煙管蝸牛科	*Formosana swinhoei*	斯文豪煙管蝸牛
蝸牛	扁蝸牛科	*Nesiohelix swinhoei*	斯文豪氏大蝸牛
蝸牛	山蝸牛科	*Platyrhaphe swinhoei swinhoei*	斯文豪小山蝸牛
蝸牛	扁蜷科	*Polypylis usta swinhoei*	（暫無中文俗名）
蝸牛	豆蝸牛科	*Pupinella swinhoei*	臺灣豆蝸牛
蝸牛	椎實螺科	*Radix swinhoei*	臺灣椎實螺
蝸牛	南亞蝸牛科	*Satsuma swinhoei*	斯文豪氏高腰蝸牛

科學寫作起步走

身處 19 世紀的斯文豪及當代的博物學家如達爾文、華萊士等人，除了見面討論，只能依賴書信往返。當時的書信傳遞，一個訊息過去就是幾個月的時間，要收到對方的回覆，又得再等上幾個月。對當代的科學家來說，最好的策略，就是在一封信裡面，把自己的觀察和觀點講清楚、說明白，讓對方收到信就能看懂自己的想法，而且將引發誤解的風險降到最低。這也是在通訊便捷的今日，現代人的寫作能力當中最欠缺的部分。雙方因為可以即時詢問、立刻補充資訊，我們便漸漸失去了一次好好把話說清楚的能力。即便網路發達，連一封電子郵件也寫不好的大有人在。

寫作，等於用文字思考

對許多人來說，寫作是痛苦的事情，多數人多麼期望自己能夠行雲流水、言之有物。絕大部分的科學家在寫論文的時候，也是痛苦萬分、備感挫折。然而，寫作應是用來陳述自我的利器，而不是折磨自身的刑具。

寫作是現代人的基本能力，也是幫助思考的最佳工具：「寫作就是用文字思考」（Writing is Thinking in

Words）。在這個網路資訊和社群媒體發達的時代，我們的生活隨時都在寫作，無論是電子郵件、私訊、傳Line、社群軟體留言、在網路論壇發廢文等，都需要寫作能力。

而且，面對不同的對象，寫作策略也完全不同。以我個人來說，每天都得在科學論文寫作、科普寫作、公文寫作、小編寫作、童書寫作和廢文寫作等不同模式之間不斷切換。

因此，我想在這篇字數有限的文章裡，分享科普寫作的核心精神：掌握科學知識、熟悉目標讀者、善意的模仿、積極的討論。

掌握科學知識

你會講故事嗎？科普寫作就是在講科學故事，以科學為基礎撰寫文章，目的在於分享科學知識，科學正是科普文章的最重要元素。以科學知識為基礎，就必須講究「客觀」與「嚴謹」這兩個特性。

無法掌握客觀的敘述，文章會流於偏見；無法堅持應有的嚴謹，文章會產生漏洞。科普文章以科學為基礎，行文老實不胡扯、腳踏實地不嘴砲。證據到哪裡，話只能說到那裡，三分證據便不應說四分話，說七分話便是罪惡。

科普作家大衛・奎曼先生（David Quammen）先生平時有閱讀學術期刊的習慣，也積極參與學術研討會，在會議空檔振筆疾書，記下新知與靈感。奎曼先生談到，科普作家像是科學家的發言人，必須有人對外向大眾說明科學研究的成果與進展。這些人也被稱為「科學翻譯者」（scientific translator）。

「科學翻譯者」並非單純的語言翻譯，而是對科學方法、理論與限制有一定程度的了解，不須具備相關領域的學位，首要任務是將生硬的科學研究報告「翻譯」成活靈活現的文字展現給社會大眾。他們必須了解知識的來源，淺顯易懂的將複雜的科學研究表達出來。

熟悉目標讀者

寫作的時候，心裡要隨時想著目標讀者：這些文字是寫給誰看的？是否能滿足他們的需求？他們從這些文字可以獲得什麼？憑什麼他們要把時間花在你的文章上？針對不同的年齡層和群體，就需要切換到不同的寫作模式。

舉例來說，寫自然科普文章，目標讀者是自然觀察愛好者、生態演化相關領域的大學生或研究生，就不會從基礎知識談起，而是直接進入議題。如果在大眾報章雜誌，就會需要多一些基礎知識和前情提要，也要帶點

簡白活潑的語氣。如果想再輕鬆一點，則能考慮添加一點網路流行用語和元素，增加一點惡趣味，但是不應該氾濫。

各個刊登文章的地方會有各自的受眾，寫作方式和風格應該做調整。寫久了，會有很多和讀者互動的經驗，作者會影響讀者、讀者會影響作者，逐漸形成一個循環圈。

善意的模仿

談到科普文章的架構和邏輯好像嚇到不少人，起承轉合聽起來很抽象，覺得門檻好像很高，需要具備很多條件和工夫。遇到這種狀況，我會建議最好的方法是「善意的模仿」，模仿好的文章的寫法，但不是惡意抄襲喔！

讀好的文章除了了解文章要傳達的訊息，更應該探討作者在段與段之間、句與句之間、字與字之間的鋪陳。讀到好的文章，不妨試著把每一段的主旨用一句話寫出來，試著參透作者的脈絡。

找出一兩篇文章的脈絡之後，嘗試把自己想寫的題材以相同的脈絡塞進去看看。想像現在要為家人設計美味便當，不用焦慮如何把便當盒填滿，而是先試著把食物放到適當的格子裡就好。寫第一篇文章也是如此道

理。這也是為什麼，多讀好的文章，才能寫出好的文章。如果老是讀不好的文章，那寫作能力也就僅止於此，很難進步。

積極的討論

　　科普寫作除了原則之外，還有非常多的細節，這些細節難以一一細數，最好的方法就是親身經歷。換句話說，要不斷的寫文章，並且不斷的被改、被電、多接收讀者的意見回饋。其實不太需要擔心文章寫得不好，因為所有人第一篇文章都寫得不好，一開始被電是很正常的，沒什麼好害怕。而且，有人願意幫你改文章是難能可貴的一件事，沒有收到什麼修改建議，才真正需要憂心，因為根本沒人想看。

　　同樣的，自己也可以給別人的文章一些建議，這裡的建議不是流於指責或批評，而是積極討論怎樣可以讓文章寫得更好。在練習科學寫作的時候，可以多跟同儕切磋、互相修改對方的文章，討論為什麼這麼調整。

　　不斷的寫、被改、修正、再被改，就是鍛鍊科普寫作能力的不二法門，寫好文章的能力都是在電與被電之間被磨練出來的。因此，不必害怕被電、害怕門檻高、覺得很難，這些都是必經之路，唯有知恥雪恥、屢敗屢戰才會逐漸改進缺點、形塑風格、變威變大。

龜毛是寫作的美德

最後要提醒，若是自身不夠細心、嚴謹，學寫作會滿身傷痕、一路挫折。知識、觀點和經驗是自己最重要的資產，寫作是表現自己的重要方法。反覆編修文字，有助於審視自己的思考脈絡，讓精準的遣詞用字，彰顯自己的價值。

然後，不是一直在腦中翻滾，而是要真的「寫」出來。趕快勇敢的產出處女作，多方請教修改意見，下一篇會更好。

臺灣鳥類大點名

鳥類是非常特殊的生物類群，不僅能在空中飛行、移動能力強，還會發出嘹亮的聲音，甚至攻擊你、搶奪你手中的食物，簡直是一群無法無天的生物。鳥類活潑的行為反應，讓人很難不去注意到牠們。相較於其他生物類群，鳥類不僅容易觀察、辨識，即便你對牠們沒興趣，也很難無視這些引人注目的角落生物。因此，鳥類已經成為最受眾人關注的生物類群。

鳥類是存在感十足的角落生物

就連科學家也被這群存在感十足的動物所吸引，許多生態學理論，也是透過鳥類研究發展而來。而且全世界的生物時空分布資料庫「全球生物多樣性網絡」，超過一半的資料是鳥類。而康乃爾大學的全球賞鳥紀錄資料庫 eBird，已經累積了 7,700 萬份的賞鳥紀錄清單。

臺灣也是如此，眾多的鳥類觀察愛好者，一直都是公民科學的好夥伴。從 eBird Taiwan 的平臺來看，已經有 4,549人上傳過賞鳥紀錄，而且每年的賞鳥紀錄清單數量都能維持在全球前十名。甚至有許多鳥類的新紀錄種，都是由鳥友所

17-1 ｜西伯利亞白鶴幼鳥（左）和斑頭雁（右）

發現，而非鳥類學家或生態學家，例如：近年有名的西伯利亞白鶴（*Leucogeranus leucogeranus*）和斑頭雁（*Anser indicus*）。

斯文豪之前，漢人怎麼看這些小鳥？

斯文豪來臺灣之前，其實漢人的著作裡面，就有些許對鳥類的描述。大多記錄在《臺灣縣志》、《臺灣府志》、《鳳山縣志》等地方志的產物篇或土產篇。這些書雖然有點年紀了，但因為是重要的地方志，在圖書館裡都不難找到這些重新整理編修的版本。如果你對臺灣的野生動植物本來就有興趣，我會推薦你去找這些書來翻一翻，也許會有意外收穫。

然而，這些漢人所留下的描述野生動植物文字，有著簡短不全、抄襲成風、語多怪力亂神等缺點。不過，若要作為臺灣博物學的參考也非全然不行，雖然細節不多，但仍具有自然觀察的蛛絲馬跡。

以簡短不全來說，下方這些文字，實在是很難讓人進一步認識臺灣的野生動物啊！有時候完全不知所指為何物。

臺灣府志曰：「雉野雞」；「鳩能知陰晴」；「金錢豹似豹而小」；「伯勞不孝鳥」

是不是有看沒有懂？那抄襲成風又是怎麼一回事？原來是因為寫書的人會直接引用其他方志的內容。雖然書上有清楚註記資訊來源，嚴格說起來不算抄襲，但反而把亞洲大陸的鳥寫在臺灣的地方志裡面，也就沒有太大研究價值了。

語多怪力亂神，反倒又是個特色了。

臺灣府志曰：「海翁極大，能吞舟、鯉、鯽、泥貫魚形類鱟鮫而大；」；「鬼車俗名九頭鳥」

不過，如果仔細去看這些方志的內容，其實還是能找到一些值得參考的訊息，譬如以下舉例。

臺灣府志曰：「鶺鴒，行則搖，飛則鳴」；「烏鬚俗呼烏秋；身黑、尾長，能搏鷹鶇」；「白頭翁似雀而大，頭有白點，故名」

或許當時漢人對於生物的認識，尤其是對於物種的認定，還可以看出來對於物種的遷徙、行為、習性、特徵，都有一定程度的描述。方志作者還是有做些自然觀察的。

臺灣有幾種小鳥？

臺灣第一筆鳥類紀錄目前多認為是 1854 年 9 月 4 日，由史蒂波生（William Stimposon）描述小燕鷗（*Sternula albifrons*）飛到船上。但有趣的是，如果再往前追溯，上面《臺灣府志》就有記載白頭翁和大卷尾。《臺灣府志》年代是 1685 年至 1764 年間，前後經歷七次編修，可惜無法確切判斷鳥類是哪一次編修的。但無論哪一次，都遠比 1854 年的小燕鷗早上許多。

斯文豪在 1863 年所發表的文章《The ornithology of Formosa, or Taiwan》，是臺灣第一份完整的鳥類名錄，共收錄 201 種鳥類。而後續幾年，斯文豪又陸續增補一些鳥種，幾乎包含了臺灣平地、海岸和低海拔丘陵的鳥種，累計約記錄 226 種。

斯文豪離開臺灣之後，陸續也有外國鳥類學家或是博物學家造訪臺灣，例如：史提瑞（Joseph Beal Steere）採集黃

17-2 ｜史蒂波生與小燕鷗

胸藪眉、史坦（Frederick W Styan）發表烏頭翁、霍斯特（P. A. Holst）發現黃山雀、古費洛（Walter Goodfellow）發表黑長尾雉等。經過格蘭特（William R Ogilvie-Grant）整理後，臺灣鳥類紀錄往上推至 260 種。不過，除了斯文豪因為領事的身分長駐臺灣，其他西方博物學家訪臺，大多是以零星的探險和採集的形式進行。雖然確實有不少新發現，但是比較難進行系統性的調查及完整的了解。

1895 年，甲午戰爭之後，馬關條約將臺灣和澎湖割讓給日本，使臺灣成為日本的殖民地。當時的大日本帝國，正在積極的往南方擴張版圖。因此，對於新納入版圖的殖民地，都著手進行規劃縝密的調查與研究工作。不僅僅是博物學所涉獵的野生動植物，其他包括地景地貌、山林河海、風土民情和人類民俗學考究，也都有相當透澈的研究。在這樣的基礎之下，大量的日籍學者來到臺灣，設立博物館等相應的研究機構，蒐藏臺灣的野生動植物。

日治期間，日本鳥學會於 1912 年成立，日本鳥類學者內田清之助便發表了《臺灣鳥類目錄》，收錄 290 種鳥。日治結束之後不久，另外兩名鳥類學者蜂須賀正氏和宇田川龍男分別於 1950 年和 1951 年，共同以英文撰寫《臺灣鳥類學研究》（Contributions to the Ornithology of Formosa）第一部和第二部，刊登於臺灣博物館學季刊。這份著作可說是臺灣鳥類學在經歷日治時期之後的總結報告，尤其以英文寫成，成為許多海外學者認識臺灣鳥類組成的重要文獻。

到了國民政府時期，政府在積極鞏固政權，人民努力在填飽肚子。自然保育的概念和博物學的研究，可以說是毫無進展。直到民國七十至八十年代間，國外的資訊越來越暢通，自然保育和環境保護的觀念漸入人心。各地也在這樣自由開放的風氣之下，陸續成立相當多的鳥類觀察和保育團體。

其中，社團法人中華民國野鳥學會定期更新的《臺灣鳥類名錄》，是目前完整臺灣鳥類組成的最主要資訊。名錄委員會會定期更新臺灣鳥類名錄，針對新發現的紀錄做討論。臺灣的小鳥，從 1995 年的 458 種，到 2023 年已增加到 684 種！

為什麼臺灣的小鳥種類會增加得這麼快？有些是第一次在臺灣發現的小鳥，稱為「新紀錄種」，而大部分是遷徙過程迷航的迷鳥，像是白鶴和斑頭雁。另外還有些是因為基因遺傳的研究，發現已經和鄰近地區分化為不同物種的小鳥，例如：寒林豆雁（*Anser fabalis*）和凍原豆雁（*Anser serrirostris*）、灰頭黑臉鵐（*Emberiza spodocephala*）和黃喉黑臉鵐（*Emberiza personata*）。這不僅是因為有更多眼睛在觀察臺灣的小鳥，也表示我們對小鳥的認識更多、也更廣。

下一隻新加入臺灣的小鳥會是什麼？也許就由耳聰目明的你來發現了！

斯文豪探索自然的日常地點

斯文豪拜訪過臺灣許多地方，雖然已經是一百五十多年前的事情了，但我們還是在臺灣的各個角落裡，找到不少斯文豪的足跡。尤其是斯文豪曾經使用的辦公廳舍，雖然有些建築物已經不存在，但也還可以找出地點。即便人事已非、物換星移，到了現場還是能感受到一百五十多年前發生的過往。

臺灣府副領事館

1860 年 12 月 22 日，斯文豪受派駐為臺灣府副領事，當時所使用的副領事館是「卯橋別墅」，建築物現在已經不存在。卯橋別墅大致位於臺南火車站南邊，國立臺南大學附屬啟聰學校南側、萬昌街和衛民街交叉口一帶，頗具規模。雖然現在已經無法感受這裡曾經有庭園館舍存在。

卯橋別墅興建於清朝道光年間（1821-1850），主人是生員（秀才）許朝華（字遜榮），也是臺灣府城「金茂號」的老闆。斯文豪於 1861 年 7 月 29 日以月租 60 銀元向許朝華承租閩南式兩層樓建築的卯橋別墅，作為英國的副領事館。

地點就位於臺灣府署東側，正好作為隔壁鄰居，對公務往來非常方便。

由於斯文豪曾經在相關著作中，數次提及在臺灣府副領事館一帶看見的鳥類種類和數量，無形中成為有效的物種時空分布資料（具備時間、地點和物種的紀錄）。紀錄羅列如下，地點皆位於臺灣府副領事館附近。由於這些紀錄的時間

灰喉山椒

南亞夜鷹

小雲雀

臺灣府副領事館一帶鳥類紀錄一覽。

日期	鳥種	數量
1858 年 6 月 11 日　星期五	東方環頸鴴	數隻
1858 年 6 月 11 日　星期五	小燕鷗	一隻
1858 年 6 月 11 日　星期五	裏海燕鷗	一隻
1858 年 6 月 11 日　星期五	小雲雀	數隻
1861 年 8 月 8 日　星期四	小彎嘴畫眉	數隻
1861 年 8 月 8 日　星期四	臺灣畫眉	數隻
1861 年 9 月 5 日　星期四	灰喉山椒	一小群
1861 年 10 月 10 日　星期四	南亞夜鷹	一隻
1861 年 10 月 10 日　星期四	棕沙燕	一隻

精細度到日期，地點準確度也在幾十公尺內，生物紀錄也有清楚的物種和數量，可能是臺灣目前紀錄最早的物種時空分布資料。雖然 1858 年 6 月 10 日星期四，斯文豪另在國聖港有一筆小燕鷗的紀錄[※8]，但地點的精確度不如臺灣府的精確。斯文豪退租後，卯橋別墅曾於 1868 年至 1900 年之間租給長老教會當作教會和醫院，稱為舊樓醫院。

淡水副領事館

臺灣府雖然是當時的臺灣首府，但是安平港船隻往來不是非常方便，要在台江內海之外轉乘小船，才能進入臺灣府岸邊。這樣的泥沙淤積問題，對國際貿易港口是相當大的致命缺點。因此，斯文豪在卯橋別墅辦公的時間並不長。1861 年 12 月 18 日，斯文豪宣布將副領事館遷往淡水，因為淡水港不僅方便船隻進出，港口附近也盛產煤炭、茶葉和樟腦等貨品。隔兩天（1861 年 12 月 20 日），斯文豪搭乘巧手號砲艇（*Handy*）抵達淡水，但由於領事館辦公室和官邸都還沒有搞定，只好先向怡和洋行（Jardine Matheson & Co.）承租集貨船冒險號（*Adevture*）作為辦公室和住處，在搖搖晃晃的船上過日子。

由於斯文豪這段期間不時往返臺灣府和淡水，1862 年 5 月又因病返回英國倫敦休養，在淡水待的時間並不長。不過，斯文豪在淡水也做了不少觀察紀錄和採集，如前面描述的黑面琵鷺與白琵鷺，便是在淡水港採集[※23]。有趣的是，

淡水副領事館一帶鳥類紀錄一覽。

日期	鳥種	數量
1862 年 2 月 10 日　星期一	臺灣松雀鷹	一隻
1862 年 2 月 10 日　星期一	小彎嘴畫眉	兩隻
1862 年 1 月 1 日　星期三	白腹鶇	一隻
1861 年 3 月 27 日　星期三	臺灣紫嘯鶇	一隻

就斯文豪的紀錄和描述，淡水港附近有許多斑紋鷦鶯（*Prinia striata*）和食蛇龜（*Cuora flavomarginata*），這兩種都是目前在淡水一帶不容易目擊的野生動物。同時，淡水港也是適合觀察猛禽的地點，斯文豪記錄這裡時常有許多魚鷹（*Pandion haliaetus*），遊隼（*Falco peregrinus*）和紅隼（*Falco tinnunculus*）也時常出現，晚上還有褐鷹鴞（*Ninox japonica*）。

香山竹南海之濱

1856 年 3 月是斯文豪第一次踏上臺灣本島，在新竹香山及苗栗竹南海濱一帶活動。這裡也能瞧瞧斯文豪的蹤跡。

「目的地是北緯 24 度 44 分的香山港（the harbour of Hongsan）。抵達時已經退潮，因為有沙洲擋道而形成海港，難以查看航道狀況。沙洲往南延伸，河口變窄，形成退潮時水位只有 2 英尺的淺灘。到了晚上漲潮，當地船隻才能接我們入港。」[※8]

上面這段文字是斯文豪少數有詳細記載經緯度的紀錄，位置大約在現今「竹苗單車道交界打卡處」附近。雖然現在該處外海沒有沙洲，可能是 1890 年代的《新竹縣志初稿》中記載的，香山港沙汕或中港沙汕。但由於沙洲的分布和位置變動大，目前可能已經消失；而現在金城湖賞鳥區南方海域，也有兩條長形、綿延約 3 公里的沙洲。在後續的文字裡，斯文豪提到漲退潮之間沙洲的分布變化，以及河川與出海口之間的關係。不過，香山港還需要等漲潮再轉搭小船才能登陸，怎麼看都不是一個適合國際貿易的好港口。

國聖燈塔

斯文豪搭乘不屈號首次環臺灣島尋人時，這趟旅程第一次登陸臺灣島的上岸地點是國聖港。國聖港就是現今「臺灣本島最西點」的國聖港燈塔以及頂頭額沙洲的位置。然而，國聖港沙洲的分布變化相當大，也難怪當年斯文豪不想在這裡設港口了。

18-1 ｜斯文豪第一次踏上臺灣島的位置，就靠近現在竹南海濱一帶。

18-2 ｜ 19 世紀香山及竹南海濱地圖，圖中可見地名「中港」（日治臺灣假製二十萬分一圖）。

斯文豪大概也想不到，當年登陸臺灣的地方，過了一百二十多年後竟然變成眾多網美拍照打卡的熱門觀光景點。頂頭額沙洲上的特殊沙洲景觀，搭配日落時分的火紅夕陽，再加上極西點這個特色，讓此處的觀光客絡繹不絕。

不僅如此，國聖港燈塔對賞鳥人來說，也是重要的賞鳥聖地。當年斯文豪只寫到沙洲上到處都是虎甲蟲在快速疾走，另外還有幾隻小燕鷗活動。6 月正值炎熱的酷暑，也難怪斯文豪沒記錄什麼特別的生物。國聖港沙洲現在已經是觀察鳥類春過境和秋過境的重要地點，候鳥在南來北往遷徙的時候，時常把國聖燈塔的沙洲和木麻黃（*Casuarina equisetifolia*）

18-3 ｜國聖港燈塔以及頂頭額沙洲

防風林當作休息站。因此,大約 4 月至 5 月的春過境和 9 月至 10 月的秋過境,都有機會在這裡找到特別的過境候鳥,像是普通燕鷗(*Sterna hirundo*)。防風林內也可以找到過境的鶲、鴝和蝗鶯等難得一見的鳥類。

在 eBird 賞鳥紀錄資料庫裡,國聖港燈塔和頂額防風林,都是紀錄超過 100 種重要熱點。而且,紀錄都集中在春秋兩個過境時節,6 月至 8 月間則幾乎沒有紀錄。抱歉啦,斯文豪先生,真的只有你會在酷熱的夏天跑去國聖港。

斯文豪失之交臂的英國領事館

那時正逢盛夏 7 月，陽光普照、萬里無雲，炎熱的陽光毫不留情的照射在我的身上。當天的天氣非常好，右手邊是閃耀著陽光的西子灣海面，左手邊是柴山的茂密森林。我滿頭大汗的從中山大學的校園走到柴山最南端的小山頭：哨船頭山。這裡有兩棟英國洋樓，是我此行的目的地。

19-1 ｜哨船頭山的兩棟英國洋樓：打狗英國領事館官邸（左）與領事館（右）

搖搖晃晃的船上辦公室

就如同前面說的，南京條約和天津條約讓外國人可以在清帝國的港口通商，各國的商人當然是高高興興的打算來大撈一筆。同時，當臺灣港口開放之後，外國人也開始準備物色適合設置港口和領事館的地方。

斯文豪奉派到臺灣之前，就已經環島一圈尋找適合的港口，同時也看看哪裡適合設置領事館。英國人一開始打算從安平港著手，但是安平港缺乏天然屏障而且容易淤積泥沙，還得要轉乘小船，才能順利登陸。開什麼玩笑，這也未免太麻煩了吧！如果只是乘客和行李還可以接受，但這可是未來要作為國際貿易港口用的，勢必有許多貨物要運輸，使用這樣的港口根本是會添加非常多不必要的成本。雖然外國人更喜歡離安平港南方不遠處，有天然礁岩屏障的打狗港，但是，打狗港並不在清朝廷開放的名單之內。因此，斯文豪一行人便轉往臺灣北部的淡水港，作為國際貿易的據點。

幸運的是，1864 年，清朝廷正式開放打狗港作為貿易港口，斯文豪便接到通知前往臺灣南部重新設立一個新的領事館。隔年，斯文豪升任為駐臺總領事，也就是英國官方在臺灣的最高行政長官。有了這個頭銜，才能和當地的道台（當時清朝廷的官階之一）與巡撫平起平坐的對話。不過，麻煩的是，當時還沒有一個設置辦公室的理想地點。斯文豪只好先把辦公室設在租來的收容船「三葉號」（*Ternate*）上，這是一艘長期停在打狗港潟湖的除役船隻，已經沒有在駕駛運輸。也就是說，斯文豪剛到高雄的時候，有將近半年的時間是在搖搖晃晃的船上辦公，光想就令人感到崩潰。

領事館用地變成墓仔埔？

好不容易，斯文豪租到了一塊哨船頭山附近的土地，往

南正對著打狗潟湖。然而，因為打狗潟湖北岸長期泥沙淤積和填海造陸的關係，這塊地現在的位置大約在臨海二路高雄港務局北方。不過，其他的英國長官認為這個地方離打狗的商業聚落太遠了，作為領事館並不方便，甚至大剌剌的說，這塊地非常適合用來當作墓地，一點也不適合其他用途。沒想

19-2｜狗港海口圖

到花錢租來的土地，竟然要用來當墓仔埔，而且還真的將這塊地送給當地英國人設成在臺外國人的墓園。這個地方位於現在的高雄市鼓山區登山街 60 巷，現場已改建為民宅，現今僅存三個墓碑，也設置了知名的哈瑪星溜滑梯。雖然這塊地從來沒有被拿來當作領事館使用，但是它無疑就是英國領事館的第一個預定地。

一家 4+1 口住在旗後的擁擠房子

斯文豪實在有夠倒霉，來到打狗之後，先是在船上辦公，接著是辦公室預定地變成墓園。更慘的是，三葉號的租約也快要到期了，連搖晃辦公室都快要沒有了。斯文豪只好

到旗後地區尋找住處，最後找到一處小建築，大概位於現今旗津海岸路和通山路 54 巷一帶、海岸路 19 巷西側。

　　斯文豪對旗後的新房子，並不是非常滿意，覺得居住環境過於擁擠。更重要的是，斯文豪已經不是一個獨居在臺灣的單身漢，而是和妻子克里斯汀娜（Christina Swinhoe）住在一起。不僅如此，當時他們已經有兩個小孩，而且斯文豪太太又快要生下第三個孩子。斯文豪一家五口居住的家庭，本來就不應該馬虎。不久之後，斯文豪在附近（現旗津區海岸路及大關路一帶、旗津天后宮東側）注意到一個即將完工的建築物，是由天利洋行（McPhail & Co）雇用廈門的工匠興建而成。斯文豪急切的希望就算不能租土地，也能把這個房子給租下來。

　　這棟天利洋行的房子，不僅有相當大的的庭院，從玄關進入大廳後，左右分別有兩個大房間，兩個大房間又各自依附著兩個小房間。斯文豪都已經想好，右邊的大房間可以當辦公室，小房間作為僕人的房間；左側的大房間可以做為巡捕房（警察管犯人的場所）、監獄和儲藏室。感覺斯文豪相當期待喬遷到新環境。

　　雖然斯文豪費了一番苦心促成這一場房屋租賃，但是在快要談妥前，斯文豪接到英國政府的派令，要他到中國廈門打理廈門領事館，斯文豪便於 1866 年 3 月 1 日離開臺灣。一個多月後（1866 年 5 月），這棟天利洋行的建築才順利租下來。而代理斯文豪的領事官固威林（William Marsh

19-3 ｜ 1868 年哨船頭山上的英國領事館與現在英國領事館的對比（箭頭處）

Cooper）曾經抱怨這棟房子讓他住在旗津沙洲上，根本無法在這裡種菜。這個牢騷雖然本身資訊量不大，但清楚的告訴我們，直到 1869 年，英國領事館還在旗後地區，還沒搬到現在變成觀光景點的哨船頭的山丘上。但無論如何，斯文豪一家在臺灣的住處和辦公室，既沒有用到這棟天利洋行的建築，也沒用過我們現在熟悉的哨船頭山上的英國領事館，只有用過原本的擁擠小屋。直到 1879 年，以天利洋行建築做為領事館的租約到期，英國領事館此時才搬到哨船頭上的新建領事館。1925 年底，領事及官邸的產權轉移給殖民臺灣的日本政府，服役 46 年的領事館也正式退休。

啊對了！這位發牢騷的領事官固威林，只在這棟斯文豪非常滿意、自己非常不滿的天利洋行建築住了七個月，就因為罹患熱病而離開臺灣。

2019 年，距離斯文豪離開臺灣 153 年後，又有一位斯文豪先生抵達臺灣。他是斯文豪的子孫克里斯多福・斯文

豪－斯坦登先生（Christopher Swinhoe-Standen）。雖然克里斯多福先生是斯文豪的旁系子孫，但他對於祖先曾經在臺灣生活的過去，以及種種在自然博物學上的事蹟很有興趣。這位「新」斯文豪先生自己主動聯繫臺灣外交部後，與高雄市政府文化局接洽，專程來臺灣尋根，為自己、也為臺灣留下一個別具意義的旅行。

　雖然斯文豪的足跡未曾踏在煥然一新的哨船頭洋樓裡，但哨船頭山想必曾經是斯文豪時常漫步、享受自然觀察的小後山。

重回 19 世紀的驚奇旅程

　　19 世紀是一個說近不近、說遠不遠的時代。一百五十多年前，大約兩個世代的時間，雖然環境和土地利用變遷的速度飛快，但我們還是可以找到那個時代留下來的蛛絲馬跡。即便只是一磚一瓦，或是人事已非的現址，不遠的過去彷彿仍舊歷歷在目。

科學大步向前的 19 世紀

　　19 世紀，人類延續著上個世紀工業革命的進展，讓科學與科技有大幅度的進展，人類對世界的了解也更多更廣。尤其在 1850 年代和 1860 年代，博物學的進展更是有突破性的進展。世界地圖畫得越來越精緻，各大洲的海岸線勾勒得越來越詳實；野生動物不再只是傳說中的神祕怪獸，研究學者不僅充分描述形態外觀，還取了個科學上通用的名字。

　　生物地理學之父洪堡留下大量的科學知識而離世；華萊士正在悶熱潮溼的熱帶雨林裡大冒險；達爾文在案前振筆疾書，完成了巨作《物種源始》。此時此刻，臺灣也沒閒著，英國駐臺灣領事斯文豪，正探索著臺灣島的各種蟲魚鳥獸和花草樹木。

直接聽斯文豪說故事

2021 年，我在一場因緣際會之下，有幸能閱讀三十餘篇斯文豪的著作和相關文獻。雖然這些歷史上的博物學家，華萊士、斯文豪、洪堡、達爾文、或是後續的鹿野忠雄等，對我來說都不是陌生的名字；但我也確實很少悉心閱讀這些人所留下的第一手文字。這一讀下去可不得了，整個從斯文豪的文字來重新認識斯文豪和 19 世紀的臺灣，也從中找到許多未曾知曉、也無人提及的資訊。

舉例來說，這幾年我們在整理大量的歷史鳥類觀察紀錄，從許多賞鳥人的家中和鳥會會館翻箱倒櫃，拯救出許多泛黃的紙筆紀錄。如果再繼續放著不管，大概都免不了被蟲蛀、水淹、或丟棄的命運。不過，即便我們將這些大量紙本記錄掃描和數位化，臺灣的鳥類紀錄大概只能往回推到民國 50 至 60 年代。在更早之前的紀錄別說是鳳毛麟角，根本連找都找不到。有趣的是，斯文豪的著作中，還是可以從大量的鳥類描述之中，找到能具體指出觀察時間和地點的文字。雖然紀錄不多，但總是將臺灣的鳥類紀錄，直接往回倒帶 100 年，來到 19 世紀的舞臺。我也順手將這些紀錄整理，上傳至 eBird 賞鳥紀錄資料庫。

這幾年，我也致力於分析臺灣鳥類的數量變化趨勢並建立指標，用來反映臺灣的環境狀況。然而，斯文豪的著作，展現了 19 世紀與現代臺灣截然不同的鳥類組成。我們這些

現代的鳥類觀察者，根本不敢想像平地有大量黃鸝棲息的臺灣，是個什麼樣的光景？樹鵲和小卷尾這些在現代平地郊山不難見到的鳥類，以前似乎要進到森林裡才有機會見到。19世紀時，食蛇龜在臺灣島上的分布相當侷限，西南部完全沒有，但是在西北部的淡水是常見的物種，時常能在水稻田附近的水池中看到，有時候會有幾隻站在水中的石頭上。也許那時候的臺灣小鳥，還相當接近最自然原始的狀態。不過，那時可能也剛開始與人類接觸，面對人類獵捕和農業活動的干擾。不僅如此，當時的喜鵲（*Pica serica*）已經在臺灣大幅擴張，或許就是第一個在臺灣建立穩定族群的外來種鳥類。

　　直接面對斯文豪的文字，讓我清楚且強烈的感受到，原來這是一件如此歷歷在目的事情。過去的我總是透過相關書籍，也就是經過他人的轉達和描述，來認識這些博物學家的成就。即便這樣能快速吸收許多資訊，但那終究是經過篩選和整理的資訊。對，這就是現在讀這本書的你，正在做的事情。然而，這些史料既沒有躲、也沒有藏，一直安安靜靜的躺在圖書館的角落裡，只是以前無人找出來好好閱讀，實在是非常可惜。閱讀這些史料，並不是相關專家的特權，各種領域的人來閱讀，都有機會激發不同的解讀，從中挖出更多的寶藏。

文獻裡還有許多「未竟之地」

　　19世紀當代的博物學家，正在世界各地努力的認識和

記錄風土民情、野生動植物的組成、各式各樣的大自然樣貌。寫下的內容只要是事實、有所本，各種五花八門的題材都有機會無拘無束的呈現在史料中。以斯文豪的著作來看，除了生物形態、習性和分布的描述，他還曾經寫下「竹雞幼鳥的肉又甜又嫩」、「這種琵鷺的肉非常美味」的文字。此外，斯文豪也會描述當地人對待生物的方式，以及取用自然資源的技術。例如：漢人如何處理擱淺的海龜、出海捕鯨的過程、鉛山壁虎出奇謀幫助將軍打勝仗的民間傳說、蓪草的加工技術、樟腦的壟斷等。都是值得進一步探討和建構 19 世紀臺灣自然人文樣貌的重要素材。

因此，斯文豪的著作，對歷史學、民俗學、人類學和生態學，都是非常重要的史料。斯文豪的文獻，只是 19 世紀文獻之海中的寶山之一；如果能再和當代活躍於東亞的博物學家的著作對照分析，勢必還能挖掘出更多有趣的歷史。再加上日本人所留下的史料，或許就更能具體勾勒出近代臺灣自然與社會環境的演變。

當代博物學家所留下的文字，就像是數以萬計散落各處的細碎拼圖。光是找到能契合的兩三片，就足以令人振奮許久。但是，湊不起來的拼圖還多得是，有賴許多對臺灣近代史和自然史的舊雨新知持續努力解讀文獻中承載的訊息。

我是一個愛好自然觀察的科學工作者，這本書是我讀斯文豪文字後的觀察與心得。這一批文獻，很需要外文專家、歷史學家和各生物類群的博物學家一起著手處理，才能盡善

盡美。有些文獻，以前已經有人翻譯了，但是生物名稱卻翻得不到位或不正確，實在可惜。除了理解斯文豪的字句，最費心的就是追查這些一百多年前的生物學名，然而還是有少數物種，竭盡心力了還是追不出合理的物種。

斯文豪筆下的 19 世紀的臺灣很美，那是我們只能自行腦補的田園風光和翁鬱森林。如果你喜歡臺灣的自然環境，這批文獻值得你悉心閱讀、徜徉玩味。

讀著斯文豪的文字，彷彿聽著斯文豪親口說故事。看到 19 世紀豐饒且欣欣向榮的福爾摩沙，再想想現在面臨各種生態威脅的臺灣，不禁令人感念那個回不去的自然樣貌。幸好，斯文豪的文字，還能很明確的告訴我們，那時候福爾摩沙島的自然環境和野生動植物，曾經有過那段美麗的時光。

善用社群進行自然觀察

剛開始從事自然觀察的時候，對物種的外觀形態會不太有「感覺」，翻遍圖鑑也摸不著頭緒。最後，好不容易「就決定是你了」，與他人分享後卻得到「你認錯了喔」的回覆。啊啊啊！怎麼樣才能避免這樣的悲劇啊！

自然觀察是非常仰賴經驗的技能，當你站在戶外的時候，隨時都要眼觀四面、耳聽八方，注意周遭的各種一舉一動。初學者的經驗有限，時常鑑定錯誤，是相當正常的現象，不需要太焦慮。這種時候，如果能有個經驗豐富的前輩引路，狀況會好很多。你可以隨時修正自己在外觀和聲音上的辨識錯誤，也能夠學到正確的辨識技巧。

近年來，運用人工智慧和社群媒體的智慧型手機應用程式，如雨後春筍般出爐。最廣泛使用的是「愛自然」（iNaturalist）[※31]。這是一個全球資料庫，臺灣版已經由臺灣大學森林系的林政道老師翻譯為繁體中文。

你可以拍攝生物的照片後上傳，系統會自動抓取手機的地點和時間。如果你不知道那是什麼生物，不要緊，系統會先透過人工智慧辨識。上傳之後，照片會公開，全世界的使用者都能來辨識，找出最理想的鑑定結

果。重要的是，請你要把生物拍攝清晰，上傳多張不同視角的照片，鑑定結果就會越準確，如果上傳模糊的照片，那就算神仙下凡也救不了你。

因此，使用「愛自然」基本上不需要任何門檻，只要有手機和網路，你的工作只有不斷的拍照和上傳，就能累積觀察紀錄。這樣的紀錄，就是前面所說的時空分布資料。這是認識生物的自然資源需求、棲地和食性偏好、數量變多或變少、甚至規劃保育策略，最重要的基礎資訊。換句話說，努力上傳觀察紀錄，就是為生物多樣性保育做出貢獻最有效的方法。國外已經有人透過這個系統，及早發現並移除外來入侵的昆蟲；如果能定期定點觀察拍攝，也能分析族群趨勢和建立指標。這些都仰賴熱心的公民科學家累積大量資料，才有如此高的應用價值。

愛自然也有電腦版的介面，如果你直接使用相機拍照，或是拍攝一些不容易用手機拍攝的生物，例如鳥類和水生生物，也可以選擇回家後透過電腦從網頁版上傳，輸入正確的時間和地點，也能成為一筆有效的觀察。

操作細節，我就不多做介紹。在網路上搜尋關鍵字「愛自然」或「iNaturalist」，都可以找到相關的教學網頁，以及臺灣的社群。有任何問題，都可以在社團裡發問討論。

愛自然網站

現今調查

現今調查

認識鳥類指標，了解數量變化

不曉得你是否覺得近年麻雀變少還是變多了，又或是會覺得某種小鳥突然變得很常見？

回不去的 19 世紀

從斯文豪那個年代到現代，經過了一百多年，許多野生動物的數量有著大幅的改變。當時 19 世紀人們的生活方式，對環境的衝擊還不算非常大。但進入 20 世紀後，隨著工業與科技技術快速進步、人口急速增加、人類對土地和糧食的需求暴增，對地球的自然環境和野生生物產生非常劇烈的衝擊。有些生物活不下去了，永遠消失不見；森林和溼地消失了，變成高聳的樓房和工廠；天氣越來越熱，颱風和暴雨頻繁發生，彷彿地球自然環境系統完全失控。

為此，2022 年 12 月，聯合國生物多樣性公約第 15 屆締約方大會於加拿大蒙特婁召開，確立全球生物多樣性綱要（Global Biodiversity Framework），並立下在 2030 年前達到「自然正成長」（Nature-Positive）的核心目標，逆轉全球生物多樣性劣化的趨勢，而「生物多樣性指標」是反映生物多樣性現況及變化趨勢的重要工具。

然而，許多目標尚未成熟或甚至完全無指標可用，是導致過往「愛知生物多樣性目標」（Aichi Biodiversity Targets）失敗的重要原因。2020 年前，全球目前已有 254 項複合物種指標，但指標過度集中在歐洲（211 項），而亞洲沒有任何複合物種指標[32]。直到 2020 年，印度首次發表國家鳥類指標，成為亞洲第一項國家級指標[33]。

　　除了國家級指標外，更令人感到擔憂的是，麻雀這種常見小鳥的數量剛開始減少的時候，我們往往不容易察覺。等大家覺得「好像怪怪的」的時候，麻雀的數量可能已經減少了非常多，但這恐怕代表環境已經變到更惡劣的狀況，才會連麻雀也活不下去。因此，世界麻雀日（3 月 20 日）所提倡的概念是：「常見的鳥，要讓牠常見」，那至少表示我們的生活環境還沒惡化太多。可見，不僅僅是瀕臨滅絕的生物需要關心，生活周遭常見的小鳥，也是反應環境品質的重要指標生物。

臺灣的小鳥活得好不好？鳥類指標給答案

　　2023 年，我們運用「臺灣繁殖鳥類大調查」（Taiwan Breeding Bird Survey）的資料，建置「臺灣森林鳥類指標」及「臺灣農地鳥類指標」兩項國家級指標[34]，成為亞洲第二個具有國家鳥類指標的國家。

　　「臺灣繁殖鳥類大調查」是由 400 多位臺灣各地的賞鳥

人，在每年春天和夏天，分別到自己的管區計算鳥類的種類與數量，以了解鳥類數量變化的「公民科學」計畫。像這樣由許多自然觀察愛好者和科學家一起合作，定期定點做調查，在大範圍快速蒐集大量資料的模式，就稱為「公民科學」。

於是，我們運用 2011 年至 2019 年間的資料，分析 100 種繁殖鳥的數量變化趨勢，發現臺灣大部分小鳥的數量都算穩定，只有臺灣竹雞和繡眼畫眉的數量明顯減少。兩者都是臺灣特有鳥類，我們還需要進一步探討數量減少的原因。

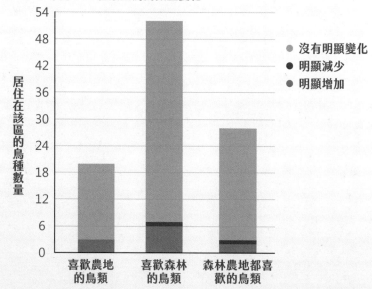

2011-2019 年的 100 種繁殖鳥的數量變化

S-1 ｜臺灣 100 種繁殖鳥類的數量變化結果顯示，大部分鳥類數量還算穩定。

臺灣竹雞的鳥類指標變化

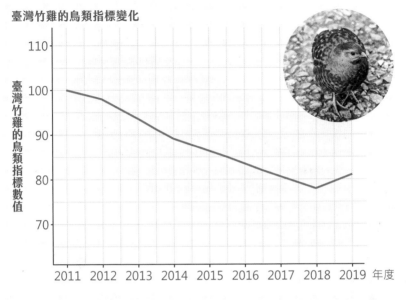

繡眼畫眉的鳥類指標變化

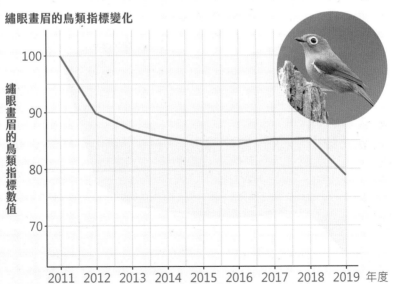

S-2 ｜臺灣竹雞與繡眼畫眉的鳥類指標結果都顯示這兩種鳥類數量正在逐年變少。

雖然如此，有些鳥種的趨勢勉強在及格邊緣，包括粉紅鸚嘴（*Sinosuthora webbiana*）、鉛色水鶇（*Rhyacornis fuliginosa*）、白頭翁（*Pycnonotus sinensis*）、麻雀（*Passer montanus*）、棕背伯勞（*Lanius schach*）和大卷尾（*Dicrurus macrocircus*），暗示偏好草生地和溪流的鳥類，普遍鳥種和肉食性鳥類的數量正在減少。如果再減少一些，就會列入顯著減少的鳥種名單。因此，如果不考慮統計上的顯著，這些鳥類的生存也迫切需要關注。

粉紅鸚嘴的鳥類指標變化

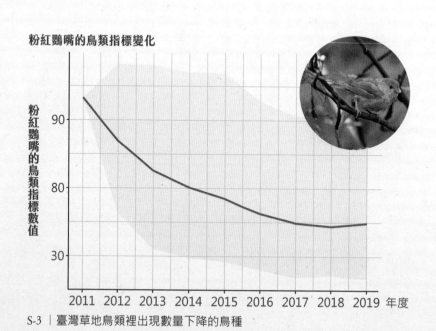

S-3 ｜ 臺灣草地鳥類裡出現數量下降的鳥種

麻雀的鳥類指標變化

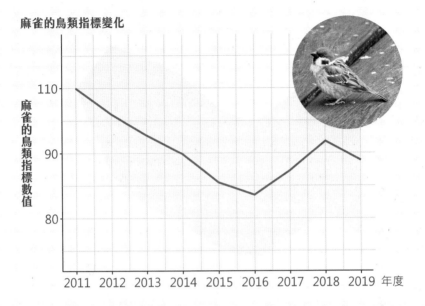

麻雀的鳥類指標數值

110

90

80

2011 2012 2013 2014 2015 2016 2017 2018 2019 年度

白頭翁的鳥類指標變化

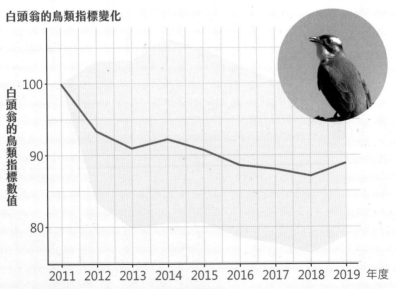

白頭翁的鳥類指標數值

100

90

80

2011 2012 2013 2014 2015 2016 2017 2018 2019 年度

S-4 ｜ 臺灣常見鳥類裡出現數量下降的鳥種

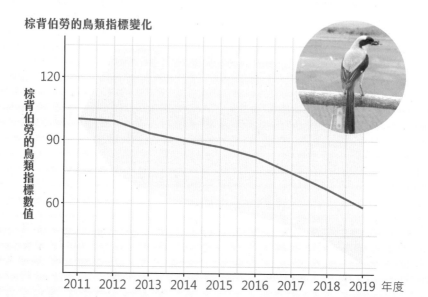

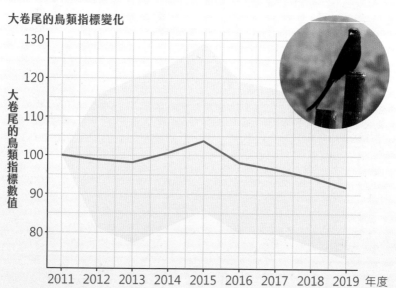

S-5 ｜ 臺灣肉食性鳥類裡出現數量下降的鳥種

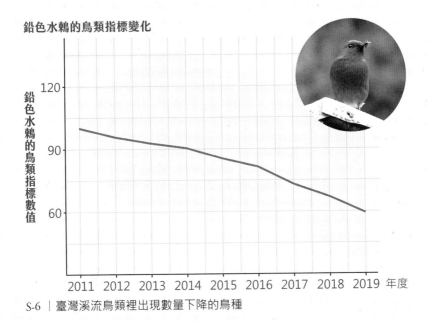

鉛色水鶇的鳥類指標變化

鉛色水鶇的鳥類指標數值

120

90

60

2011 2012 2013 2014 2015 2016 2017 2018 2019 年度

S-6 ｜臺灣溪流鳥類裡出現數量下降的鳥種

接著，這些數量變化的折線圖經過一番整理後，可以依照鳥類的特性做成各式各樣的指標。這一次，我們就將喜歡森林和農地的小鳥整理起來，製作成「臺灣森林鳥類指標」和「臺灣農地鳥類指標」。指標的狀況顯示，森林及農地鳥類指標皆緩慢穩定成長，表示森林及農業環境尚稱穩定。唯農地環境可能干擾較頻繁，指標略有波動。

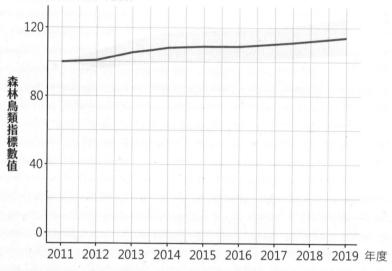

森林鳥類指標的逐年變化

2011-2019 年間的森林鳥類的數量比例變化

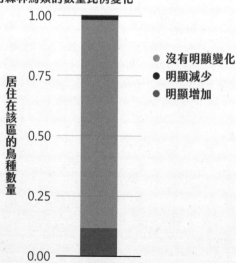

- 沒有明顯變化
- 明顯減少
- 明顯增加

S-7 ｜森林鳥類指標顯示臺灣的森林環境還算是穩定，適合鳥類生存。

農地鳥類指標的逐年變化

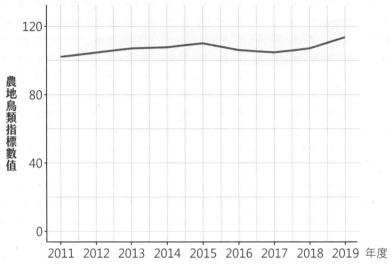

2011-2019 年間的農地鳥類的數量比例變化

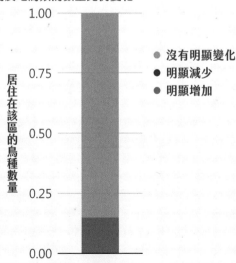

S-8 ｜農地鳥類指標顯示臺灣的農地環境還算是穩定，適合鳥類生存。

此後，鳥類調查工作不會停下來，隨著新資料進來，指標便可以再次更新指標。年年檢視鳥類的數量變化，同時也是也用來反映臺灣的自然環境狀態。定期更新的指標，就像戰情指揮所裡面，監測鳥類生存狀態的儀表板。這樣的工具，也是臺灣反映在 2030 年前實現聯合國生物多樣性公約目標「自然正成長（Nature-Positive）」。

這樣就結束了嗎？還沒有。雖然可以說是告一段落，但還有很多事情值得我們去做，像是試試其他生物，尤其是也有公民科學在運作的兩棲類；或是看看高山鳥類對於氣候變遷的反應如何。不過，千里之行，始於足下，沒有眾多自然觀察愛好者的投入，貢獻大量觀察紀錄，那這一切都無法實現。可惜的是，生物在什麼時候、出現在什麼地方，如果沒有即時記錄下來，除非有時光機，否則再也無法追溯。換句話說，只要每個人願意留下一點一滴的自然觀察紀錄，都可幫忙留下維護自然生態的重要資產——這也就是公民科學的力量！

後跋

　　寫斯文豪的故事，心情上有點忐忑、也有點興奮。斯文豪在臺灣博物學發展的貢獻，極為龐大、多樣，而且複雜。

　　然而，過往對於斯文豪文獻的解讀和研究，大多由歷史學、民俗學和人類學家著手，坊間也不乏各類相關書籍。可惜，對於文獻中生物的判斷，總是需要由生態學家來處理。

　　這項任務稱為「追溯分類變遷」，其實不是困難的工作，只是繁雜而枯燥。我們做這種事很久了，對上個世紀的學名並不會太陌生，判斷和考究當代的生物俗名也挺有意思。例如斯文豪寫的 Mang-Tang，賞鳥人大多能猜出來是鷦鶯屬鳥類的臺語稱呼「芒冬」；而川上龍彌寫下的「ピザ（Pi-Za）鳥」，不是披薩鳥，而是八色鳥（Pitta）。這些是我們可以很快幫上忙的地方，節省史學家考究的時間。

　　在閱讀斯文豪著作的同時，我將其中能判斷地點、時間和鳥種的資訊，全都上傳 eBird 鳥類資料庫（即使數量不多）。生物學名的判讀，我整理後交給中央研究院的「臺灣物種名錄」團隊，納入同物異名供大家查閱。

19世紀的臺灣，這份拼圖還有很多空白之處。人物會隨著間消逝，但史料和物品會保留下來。「物」的壽命總是比人長久，「地」的位置不會輕易改變。重新去看這些保留至今的資訊載體，總是能有新發現。

　　無論是未來新紀錄種的發現，或是過去歷史紀錄的爬梳，都需要各位的投入和參與。同樣的文字、圖片、地圖、故事，也許你會找到一直被我們忽視的新發現！

　　最後，這本書的完成，要感謝臺師大歷史系研究斯文豪的學者張安理、臺大地理系洪廣冀老師、臺北大學歷史系褚縈瑩老師、臺師大生命科學系林思民老師、上河文化創辦人連鋒宗先生所提供的諮詢與協助，解決了我在人文歷史和地理上所遇到的疑難雜症。感謝張東君學姐鼓勵（推坑）我來處理歷史文獻和撰寫這本書。感謝親子天下的編輯團隊，讓這本書以全新的風貌問世。

印度

加爾各答 •

英國

① 1836.09.01
出生於印度加爾各答。

倫敦 •

② 1845-1849
父母親離世後，回到英國倫敦。
在 1849 年開始求學生活。

廈門 •

④
1855
在英國駐
廈門領事
館擔任正
式外交人
員。

⑩ 1875
從外交工作退休返回倫敦，但繼續
研究。隔年獲得英國皇家學會會
員。1877 年 10 月 28 日去世。

清帝國

③ 1854
通過外交人員選才考試
後，前往香港受訓。

• 香港

1861.12.20
⑧ 將副領事館遷往淡水。不過隔年 5 月又因病返回倫敦休養。

1856.03
⑤ 第一次踏上臺灣島，在新竹苗栗等地考察樟腦產業和適合港口。

● 臺北

● 新竹

● 臺中

臺灣

1858.06 ⑥
搭乘不屈號環繞臺灣一圈，名義上是找人，實際上是探勘港口。之後回到廈門。

1860.12.22
⑦ 獲派為英國駐臺灣府副領事（臺南）。

● 臺南

● 高雄

1865
⑨ 升任駐臺總領事，並且在打狗（高雄）規劃領事館地點。隔年 3 月，離開臺灣前往清帝國內陸進行外交工作。之後就再也沒踏上臺灣島。

• References •
引用資料

1. Shufelt, J. 2005. The trickster as an instrument of enlightenment: George Psalmanazar and the writings of Jonathan Swift. History of European Ideas, 31, 147-171. https://doi.org/10.1016/j.histeuroideas.2003.11.004

2. Turvey, S. T., Bruun, K., Ortiz, A., Hansford, J., Hu, S., Ding, Y., ... & Chatterjee, H. J. 2018. New genus of extinct Holocene gibbon associated with humans in Imperial China. Science, 360（6395），1346-1349.

3. 林思民。2012。金門地區緬甸蟒現況調查。行政院農業委員會林務局補助計畫。

4. 陳彥君、克竑、屈慧 。2017。考古新發現一小型 「獐」曾活躍於臺灣。國立自然科學博物館館訊 355 期

5. 林滿紅。1980。清末自產鴉片之替代進口鴉片（1858-1906）。中央研究院近代史研究所集刊，9，385-432。

6. 關詩珮。2017。譯者與學者：香港與大英帝國中文知識建構。牛津大學。

7. 張安理。2020。郇和（Robert Swinhoe, 1836-1877）及其博物學研究。國立臺灣師範大學文學院歷史學系碩士論文。

8. Swinhoe, Robert. A trip to Hongsan, on the Formosan coast. Supplement to the Overland China Mail（Hong Kong）No. 130（13 September 1856）: [no page number given].

9. Swinhoe, Robert. 1859. Narrative of a visit to the island of Formosa. Journal of the North-China Branch of the Royal Asiatic Society. 1:2.

10. Holt, B. G., Lessard, J. P., Borregaard, M. K., Fritz, S. A., Araújo, M. B., Dimitrov, D., ... & Rahbek, C. 2013. An update of Wallace's zoogeographic regions of the world. Science, 339（6115），74-78.

11. 郭怡良、林大利、莊馥蔓、丁宗蘇。2013。東亞主要島嶼繁殖鳥類相的生物地理界線。臺灣生物多樣性研究，16（1）：33-50。

12. Swinhoe, R. 1863. The ornithology of Formosa, or Taiwan. Ibis 5: 198-219, 250-311, 377-435.

13. Qu, Y., Song, G., Gao, B., Quan, Q., Ericson, P. G., & Lei, F. 2015. The influence of geological events on the endemism of East Asian birds studied through comparative phylogeography. Journal of Biogeography, 42（1）, 179-192.

14. Swinhoe, R. 1863. Notes on the island of Formosa. London: Frederic Bell.

15. Futuyma, D. 1998. Evolutionary biology（3ª edición）. Sinauer, Sunderland.

16. 環頸雉的亞種非常多，為了方便說明，這裡只列兩種。

17. Swinhoe, Robert. 1862. Letter from Mr. Swinhoe（Plate XIII.）To the Editor of 'The Ibis. Ibis, 4, 304-307.

18. 杜昆盈。2014。利用警示燈具測試驅趕臺灣夜鷹（Caprimulgus affinis stictomus）之成效。國立屏東科技大學野生動物保育研究所碩士論文。

19. Lin D-L & Pursner S. 2020. The State of Taiwan's Birds. Taiwan Wild Bird Federation, Endemic Species Research Institute.

20. Chen, YY., Huang, W., Wang, WH. et al. 2019. Reconstructing Taiwan's land cover changes between 1904 and 2015 from historical maps and satellite images. Scientific Report, 9, 3643.

21. https://www.tiandongrice.com.tw/

22. BirdLife International. 2022. State of the World's Birds: 2022 Annual Update. http://datazone.birdlife.org/2022-annual-update

23. Swinhoe, R. 1864. Descriptions of four new species of Formosan birds, with further notes on the ornithology of the island. Ibis, 6, 361-370.

24. Swinhoe, R. 1863. A list of the Formosan reptiles, with notes on a few of the species, and some remarks on a fish. Annals and Magazine of Natural History XII, 219-226.

25. Swinhoe, R. 1870. Note on reptiles and batrachians collected in various parts of China. Proceedings of the Scientific Meetings of the Zoological Society of London, 409-413.

26. Swinhoe, R. 1864. Formosa camphor. The Scientific American n.s. 10, vi（6 February 1864）: 85.

27. Swinhoe, R. 1864. The rice-paper of Formosa. The Scientific American n.s. 11, xiii（24 September 1864）: 194.

28. Swinhoe, Robert. 1859. Narrative of a visit to the island of Formosa. Journal of the North-China Branch of the Royal Asiatic Society 1, ii (1859): 145-164.

29. Swinhoe, R. 1860. Further corrections and additions to the 'Ornithology of Amoy,' with some remarks on the birds of Formosa. The Ibis, 2, 357-361.

30. Swinhoe, R. 1864. Extracts from a letter addressed to the Secretary by Mr. R. Swinhoe, F.Z.S. dated Formosa, February 9th, 1864. Proceedings of the Scientific meetings of the Zoological Society of London for the year: 168-169.

31. https://www.inaturalist.org/

32. Fraixedas S, Lindén A, Piha M, Cabeza M, Gregory R, Lehikoinend A. 2020. A state-of-the-art review on birds as indicators of biodiversity: Advances, challenges, and future directions. Ecological Indicators, 118, 106728. https://doi.org/10.1016/j.ecolind.2020.106728

33. SoIB. 2020. State of India's Birds, 2020: Range, trends and conservation status. The SoIB Partnership. Pp 50.

34. Lin, D. L., Ko, J. C. J., Amano, T., Hsu, C. T., Fuller, R. A., Maron, M., ... & Lee, P. F. 2023. Taiwan's Breeding Bird Survey reveals very few declining species. Ecological Indicators, 146, 109839. https://doi.org/10.1016/j.ecolind.2022.109839

引
用
資
料

斯文豪與福爾摩沙的奇幻動物

(183)

圖照索引

186

知識Plus

斯文豪與福爾摩沙的奇幻動物

作者｜林大利
審定｜洪廣冀（臺灣大學地理環境資源系副教授）
大圖繪製｜張季雅
插畫暨設計｜陳宛昀

責任編輯｜張玉蓉
特約編輯｜呂育修
行銷企劃｜王予農

天下雜誌群創辦人｜殷允芃
董事長兼執行長｜何琦瑜
媒體暨產品事業群
總經理｜游玉雪
副總經理｜林彥傑
總編輯｜林欣靜　行銷總監｜林育菁
主編｜李幼婷　版權主任｜何晨瑋、黃微真

出版者｜親子天下股份有限公司
地址｜台北市 104 建國北路一段 96 號 4 樓
電話｜(02)2509-2800
傳真｜(02)2509-2462
網址｜www.parenting.com.tw
讀者服務專線｜(02)2662-0332 週一～週五：09:00-17:30
讀者服務傳真｜(02)2662-6048
客服信箱｜parenting@cw.com.tw
法律顧問｜台英國際商務法律事務所.羅明通律師
製版印刷｜中原造像股份有限公司
總經銷｜大和圖書有限公司 電話:(02)8990-2588

出版日期｜2023 年 9 月第一版第一次印行
　　　　　2024 年 1 月第一版第四次印行
定價｜420 元
書號｜BKKKC246P
ISBN｜9786263055513（平裝）

國家圖書館出版品預行編目(CIP)資料

斯文豪與福爾摩沙的奇幻動物：臺灣自然探索的驚
奇旅程／林大利作. -- 第一版. -- 臺北市：親子天下
股份有限公司, 2023.09
188 面；14.8x21 公分
ISBN 978-626-305-551-3(平裝)

1. CST：斯文豪(Swinhoe, Robert) 2. CST：生物地理
3. CST：通俗作品 4. CST：臺灣
366.33 112012119

訂購服務 ─────────────
親子天下 Shopping｜shopping.parenting.com.tw
海外・大量訂購｜parenting@cw.com.tw
書香花園｜台北市建國北路二段 6 巷 11 號　電話（02）2506-1635
劃撥帳號｜50331356　親子天下股份有限公司

立即購買 >